显微镜下的怪物

MICROSCOPIC MONSTERS

[英] 尼克·阿诺德 原著 [英] 托尼·德·索雷斯 绘 马骏 曾蕾 译

北京出版集团
北京少年儿童出版社

图书在版编目(CIP)数据

显微镜下的怪物 /（英）阿诺德（Arnold，N.）原著；（英）索雷斯（Saulles，T. D.）绘；马骏，曾蕾译．—2版．—北京：北京少年儿童出版社，2010. 1（2024.10 重印）
（可怕的科学·经典科学系列）
ISBN 978-7-5301-2367-6

Ⅰ.①显… Ⅱ.①阿… ②索… ③马… ④曾… Ⅲ.①微生物—少年读物 Ⅳ.①Q93-49

中国版本图书馆 CIP 数据核字(2009)第 183437 号

可怕的科学·经典科学系列
显微镜下的怪物
XIANWEIJING XIA DE GUAIWU
［英］尼克·阿诺德 原著
［英］托尼·德·索雷斯 绘
马 骏 曾 蕾 译
*
北京出版集团 / 北京少年儿童出版社 出版
（北京北三环中路6号）
邮政编码:100120
网 址：www . bph . com . cn
北京少年儿童出版社发行
新华书店经销
三河市天润建兴印务有限公司印刷
*
787 毫米 × 1092 毫米 16 开本 9. 25 印张 50 千字
2010 年 1 月第 2 版 2024 年10月第 71 次印刷
ISBN 978 - 7 - 5301 - 2367 - 6/N · 155
定价：22. 00 元
如有印装质量问题，由本社负责调换
质量监督电话：010 - 58572171

目录

你们想看看我头
上的虱子吗？

走进微小世界

你周围的东西中，哪一个最小呢？

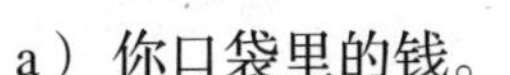

a）你口袋里的钱。

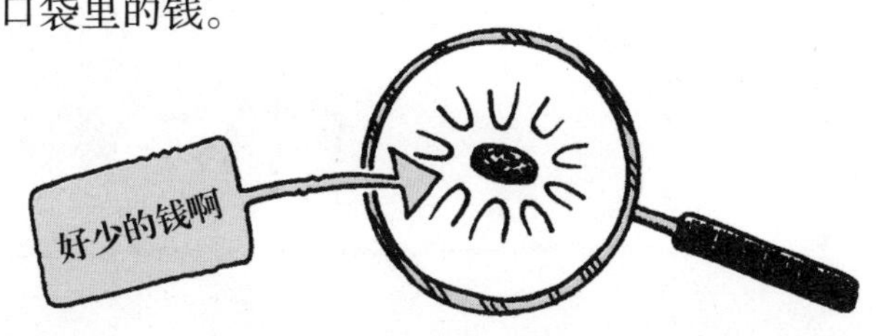

b）你的老师的大脑。

c）一只螨虫（一种小虫，看起来就像缩小的蜘蛛）。

好了，希望你选的是c），因为螨虫是人眼能看到的最小的东西，它只有0.2毫米那么大。你不能看到比它更小的东西，因为你的眼睛是无法聚焦在那些更小的物体上的。这就是说，无论你看什么东西，都有很多很多的细节是你看不到的。这个微小的世界真的令人难以置信，而且非常美丽。（人们说过小的就是美的，对不对？）

但是，这个微小的世界也能变得非常非常可怕！

警告

这本书不适合超过18岁的人看。大人们的胆子太小了，对他们来说这本书太可怕啦—— 他们一读这本书，就会吓得眼球砰的一下弹出来！

我前面说过，你的眼睛看不到微小的东西，但是你可以用思想的眼睛看到它们，想象一下它们的样子吧。当你读这本书的时候，你的想象力会拼命地运转，耳朵里都快有蒸汽冒出来了！你是在想象一个完全崭新的世界——可怕的、微小的、显微镜下的世界。而且，最后你将会发现这个世界充满了暴力和死亡。

是的，这个显微镜下的世界充满了恐怖的怪物，其他虚构的故事里那些怪物就比它们可爱得多了，但是毫无疑问：这本书里提到的显微镜下的怪物和你自己一样实实在在存在着！也许它们正在你的皮肤上徘徊，正在你的床上漫步，正在狼吞虎咽地吃你的三明治，正在你的厕所里飞舞！所以，振作精神，准备接受这些可怕但也令人着迷的事实，试着去查明下面那些问题的真相……

▶ 当你走在草地上的时候，有几百万的生物会被踩死？

▶ 在你的牙齿缝里藏着哪些黏糊糊的动物？

▶ 细菌怎样让尸体爆炸？

▶ 最糟的是，冲厕所时怎么会把大便溅得满脸都是呢？

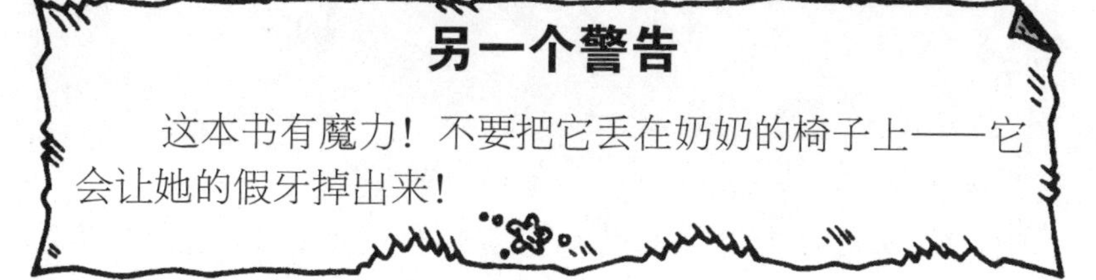

另一个警告

这本书有魔力！不要把它丢在奶奶的椅子上——它会让她的假牙掉出来！

▶ 你最好在别人拿走这本书之前马上开始读，否则他们就会抢先读了！

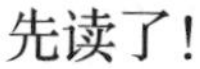

神奇的显微镜

你将会惊奇地发现，这本书不仅仅只是一本书，它还是一台显微镜！

不可思议的显微镜

现在，你手里拿着的就是一台显微镜，一台神奇的仪器，你可以用它来观察一些非常微小的东西，一些肉眼看不到的东西，这个神奇的仪器可以把小东西放大几百倍。

这是什么？这本书不像是一台显微镜啊？！

哦，但是我要告诉你的是：它就是！请把你的眼睛贴近下面的这个小圆圈，非常近地看它……集中你的注意力……非常非常集中……看到什么东西了吗？

•

好的，请你翻到下一页，准备好了吗？别被吓着！

感谢这本书的力量，不，我指的是这台显微镜，下面我们所看到的是上一页那个圆圈被放大了100倍以后的样子。

你知道纸张是由细小的纤维构成的，而这些纤维来自木材吗？不知道也没关系，在这本书里你会知道许多你不知道的东西……

一些热身小测验

下面这些小资料都很有趣，先读一读。如果你想知道更多的情况，再请看看后面的“补充材料”吧。

1. 当你骑自行车的时候，车胎会在地面上留下细微的橡胶印。

2. 蘑菇产生的小种子叫作孢子。当太阳照射这些孢子时，它们就变成了黑色。

3. 当你在户外的时候，你的头发、衣服，甚至你的鼻涕都被一层很细小的沙砾包裹着，这些沙砾的直径是你头发的直径的一半。

4. 在每一滴小雨点的中心都有一颗细小的灰尘，有的小灰尘还是从太空落到地球上的。

5. 在显微镜下观察一只蜘蛛所结的网，你会发现一些小块的胶水。

6. 你一生中从自己头发上洗下来的灰尘和头屑将比你的体重还重。

7. 1848年，科学家约翰·魁克特通过他自制的显微镜看到了被钉在门板上的一小片人的皮肤。

补充材料

1. 当你的车胎接触地面的时候，会留下一个0.025毫米厚的小薄层——也就是说事实上你的车轮是滑过地面的！轮胎上的任意一点随着车轮的转动迅速离开地面，但是极小的橡胶痕迹却留到了地面上。当你的轮胎表面损失太多的橡胶时，轮胎就会显得很旧，这时候你的轮胎就该退休了。

2. 是的，孢子能变成暗黑色，而这种颜色是因为孢子所含的一种叫作黑色素的化学物质导致的，也正是这种黑色素使人的皮肤变成了黑色！

3. 这些沙砾是由许多非常细碎的岩石粉末或是沙子构成的，它们的直径只有0.03毫米，所以它们可以随风飞舞。有些沙砾来自沙漠，有的甚至来自地球另一半的火山喷发！如果它们落到了你的小布丁上，那你就能尝到沙漠的味道了！

4. 每天都会有数以百万计的灰尘从太空降落到地球上来，这些灰尘的大小也就只有0.002毫米。雨是从云里来的，而云里面的小颗粒是由灰尘形成的，所以说，当雨落到你的脖子上的时候，说不定你正在和上亿年以前的古老岩石接触呢！这石头的年龄比你父亲所喜欢的老歌还要老！这才是真正的古摇滚呢！

5. 没错，蜘蛛正是靠胶水结成了它们的网。你知道吗？蜘蛛吐的丝是这世界上最强有力的材料之一，然而遍及全球的蜘蛛网却不如一个橙子重。

6. 仅仅在一年里，你头上所掉下来的碎屑加在一起就有3千克，它们可以装满一个小桶！

7. 约翰在显微镜下看到的竟然是一个在公元780年死去了的斯堪的纳维亚人（维京人）的皮肤！

好的，做完了这些题你感觉怎么样？如果你觉得很简单，那么你会从这本书后面的内容中真正了解到显微镜里的世界。

考考你的老师

答案

正确的答案应该是“我不知道”，因为没有确切的答案。但是，我们的老师不喜欢承认有些知识是他们不知道的，尤其是历史学家是最喜欢猜测的……

事实上，老师所说的几个人都说是自己发明了显微镜。的确，每个人都有可能成为发明家。假如你有一对透镜（可以把东西放大的玻璃），就很可能会把它们放在一起，这时候就会发现两个透镜放在一起要比单个透镜的放大效果好。随后，当你用手移动透镜来调节两个透镜的距离，好使你要看的小东西更清楚的时候，说不定你也会想到何不把两个透镜固定在一个管子的两端，嘿，你已经发明显微镜了！

但是，又是谁发明了透镜呢？猜一猜，其实也没有人能肯定是谁发明了透镜！我们请来了一些专家，试着让他们解答这个谜。

1. 考古学家在古希腊的克利特岛的一个山洞中发现了一块水晶石，这块石头是在4500年前雕刻的。

2. 1850年，考古学家在现在的伊拉克发现了另一块透镜状的水晶岩，它是由公元前800年的亚述人雕刻的。

3. 乏味的历史学家却指出，没有实际的证据来说明这两块水晶曾被当作透镜用过，但是我们能从一个叫塞尼格（公元4—65年）的罗马哲学家的著作中找到证据。这个塞尼格是个近视眼，他在书中记载道：他过去常常用一个装满水的碗来当作透镜，以便于阅读当地图书馆的名册。那么，这是否就意味着透镜是塞尼格发明的呢？

可爱的透镜

有人发明了透镜。大约在1300年前，另一个意大利人（你尽管猜好了，没人知道这人到底是谁）发现了如何把玻璃磨成透镜。这个技术正在慢慢地成熟——想知道是怎么做的吗？为什么不自己试试呢？现在就开始吧，很容易的！

你敢不敢自己制作透镜

在过去，人们首先必须小心地把玻璃切成一定的形状，然后用沙砾作材料，靠手工把它磨成合适的弧度。然后再抛光，去掉所有的划痕（基本上来说，就是要用一些极细的粉末来打磨这些玻璃）。抛光的工作是个苦差事，需要很多天。

但很幸运的是，下面有一个简单的方法。

你需要：

- ▶ 一个空瓶子，形状如图中所示
- ▶ 这本书

你需要这样做：

1. 往瓶子里灌满水，使瓶子里面没有气泡。

2. 将瓶子侧面朝下放在这页书上，眼睛靠近瓶子，看看下面这只令人着迷的吸血跳蚤。

你将会看到这个跳蚤变大了一些——但这是因为什么呢？给你个线索：你得假想光线从书页上反射进入你的眼球中。

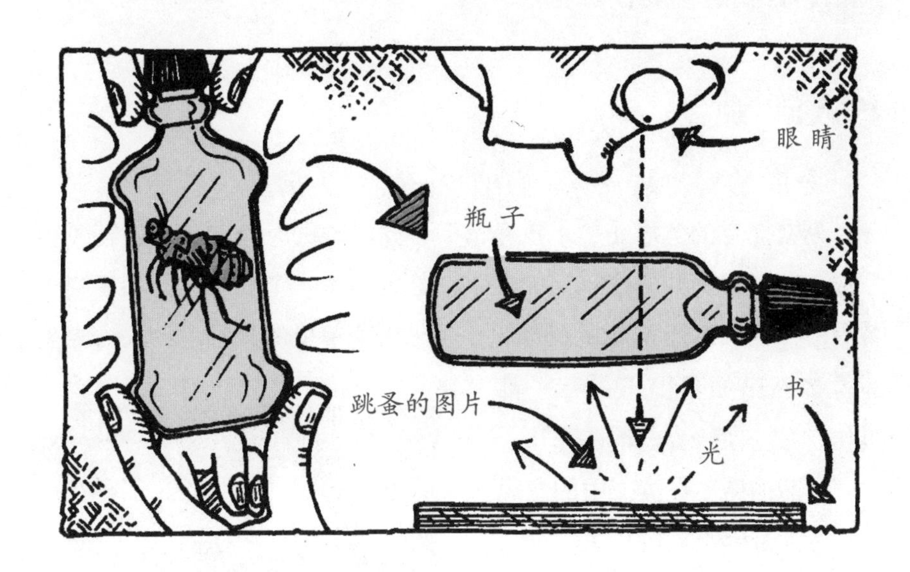

下面哪个解释是正确的呢？

a）光线在经过水的时候加速，这使你的大脑认为跳蚤比实际的大一些。

b）水使光线折射，令你的眼睛产生错觉，以为跳蚤离你更近了一些。

c）水使得光线明亮一些，这样大脑就会认为跳蚤要大一些。

答案

b）光线经过玻璃瓶和水的时候发生了弯曲，折射了的光线进入你的眼睛，让你的大脑错以为你看到的比实际的物体更近一些、更大一些。这个神奇的现象就是显微镜上的透镜的工作原理——通过玻璃使光线折射。

在显微镜发明了大约70年以后，它还没有得到广泛的应用，很少有科学家认识到它在科研方面的潜力，但是一个天才人物改变了这种情况。通过他的双手，使得功能强大的显微镜为世人所知。他还利用显微镜得到了一些奇怪的发现。

名人画廊

安东尼·列文虎克 （1632—1723）国籍：荷兰

列文虎克的意思是“名流角落”，这是他的爸爸在代尔夫特（荷兰的一个城市）开的咖啡馆的名字。你觉得用一个咖啡馆的名字当人名很糟？其实这还不是最倒霉的，总比用菜单里的某种食物来命名要好得多，比如不得不一辈子都叫作“安东尼·渥蒲伯格”。（“渥蒲伯格”在英文中的意思是：特大号碎肉夹饼！）

列文虎克的爸爸在小列文虎克还上学的时候就去世了。从那时候起，小列文虎克开始和亲戚一起生活，并且学着做一个布匹商人。一生中的大多数时间里，列文虎克都在他家乡的小店里工作，他少言寡语，工作勤奋，算是一个兢兢业业的店主。他的生活听起来好像很无聊，但至少他还有一个爱好……

你猜对了！就是显微镜！

像那个时代的其他布商一样，列文虎克通过镜头来检查成品布的纱线，从而鉴定布的质量。列文虎克与其他人不同的地方是，他很认真地看待镜头。他很喜欢手工打磨、抛光镜头，然后把它们装在金属板上做成简单的显微镜。下图就是这样的一个显微镜：

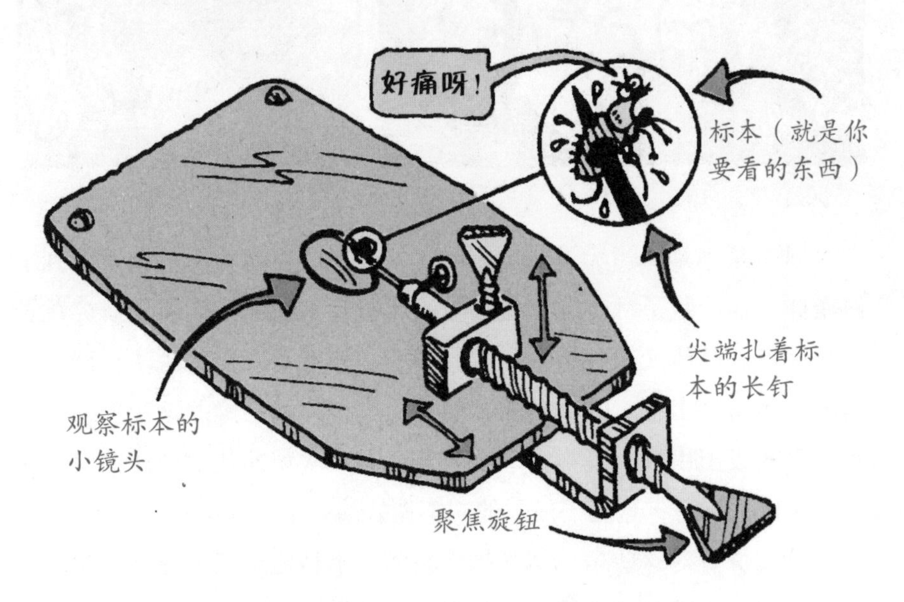

列文虎克很擅长做这个工作，因为他的视力出奇的好，适合观察一些微小的细节。而且，他是一个有好奇心的人——我的意思是说他对微观世界很感兴趣，很想从中发现更多的东西。有一天，他观察一滴雨滴的时候发现里面生活着一些微小的生物，它们在雨滴里游来游去。他因此受到了鼓舞，于是紧接着他又观察了自己的唾液和皮肤以及树皮、叶子，甚至一颗拔下来的蛀牙。他是第一个看到细菌的人，当然“细菌”这个名称是到后来才有的。你想知道关于细菌的细节吗？到第64页看看吧。

在列文虎克之前，人们还不知道他们看不到的世界里发生了什么事。因此他们总是通过想象来解释一些事情……

跳蚤是不是从污垢里长出来的呢？列文虎克用他的显微镜看到了跳蚤卵，搞清楚了跳蚤的来龙去脉。（听起来他的工作就是研究跳蚤和挠痒痒。）他又观察了刚出生的鳗鲡，否定了人们的说法，证实了鳗鲡不是由露水生成的。是的，他又一次得到了正确的结论！列文虎克非常热衷于用显微镜观察事物，甚至有一次观察就要爆炸的黑色火药时差点被炸瞎，这几乎成了他观察爱好的一个巨大的打击。

列文虎克对这些事情越来越感兴趣，于是他给英国皇家科学院写了信。皇家科学院可是英国的最高科学机构，列文虎克把自己的发现告诉了他们。下面，就是他写的一封信（信是用荷兰文写的，我们把它翻译过来了）：

欢迎光临
列文虎克布店

我们竭诚提供最
周到细致的服务！
荷兰　代尔夫特

致皇家科学院的院长亨利·奥登伯格

1676年9月

敬爱的亨利院长：

您根本想不到我发现了什么！

有一次，我去一个叫作贝克勒斯密尔的沼泽湖边散步。这个湖完全变绿发臭了。当地的人们认为这种颜色是因为露水的缘故，但我想如果用我的显微镜看看这些湖水一定很有趣。非常幸运，我随身带着一个装标本的玻璃管——其实我只要出门就会带着它！

我还掉到了湖里！我的灯笼裤全毁了，那些溅上的臭污点再也弄不掉了！但我一点也不懊悔！通过显微镜我发现那些绿色其实是由一些很细小的线形的东西造成的，它们比头发还细呢。在湖水里还有一些像小的绿色悬钩子（一种植物）的东西在游来游去，并且到处都是一些形状像果冻酱的生物。

好了，我的腿现在黏糊糊的，也

快要变成果冻了。照我上面说的，我看到的生物形式其实是现在的科学所不知道的！

这是不是很了不起呢？

您的朋友，列文虎克

伦敦皇家科学院

亲爱的列文虎克：

1676年10月

我们讨论了你的来信，认为你说的是一个大馅饼，什么悬钩子，什么果冻酱！我们觉得你在撒谎。水里有小生物？好——随便拉一个出来看看啊！接下来，你是不是要告诉我们是这些生物引起了疾病？

想要我们相信吗？那就证明给我们看吧！

亨利·奥登伯格

小小的注释

列文虎克找到了一些有名望的人来观察这些小生物，并让他们写下证明。今天我们知道了这些生物确实存在，它们其实是一些属于藻类的微小植物，或者是原生动物。

列文虎克用他观察的成果出了一本书，不久他就出名了。后来，很多科研机构纷纷邀请他加入，国王和贵族们也涌到他的小店里，请求看一眼细菌的尊容。列文虎克一直活到90岁高龄，到那时他的视力仍旧很好。他留下了一些显微镜作为临终的礼物送给他在皇家科学院的朋友们，每一台显微镜的钉尖上都粘着一小块干了的血液或是头发、肌肉一类的东西。不幸的是，那些粘胶后来腐烂了，小标本都从上面掉落了。

列文虎克的显微镜真的很不错—— 一些甚至能辨认出0.0015毫米的东西！但是没人知道他是怎么磨出这么令人难以置信的镜头的，而且他也从不把这些技术告诉别人。他害怕别人会模仿。你能沿着列文虎克的足迹继续通过显微镜进行更深入细致的研究吗？

下面就给你提供一些帮助，你就是这个小小世界的统治者。

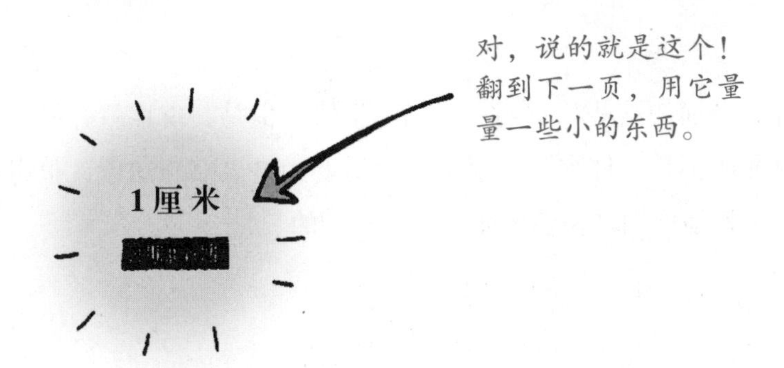

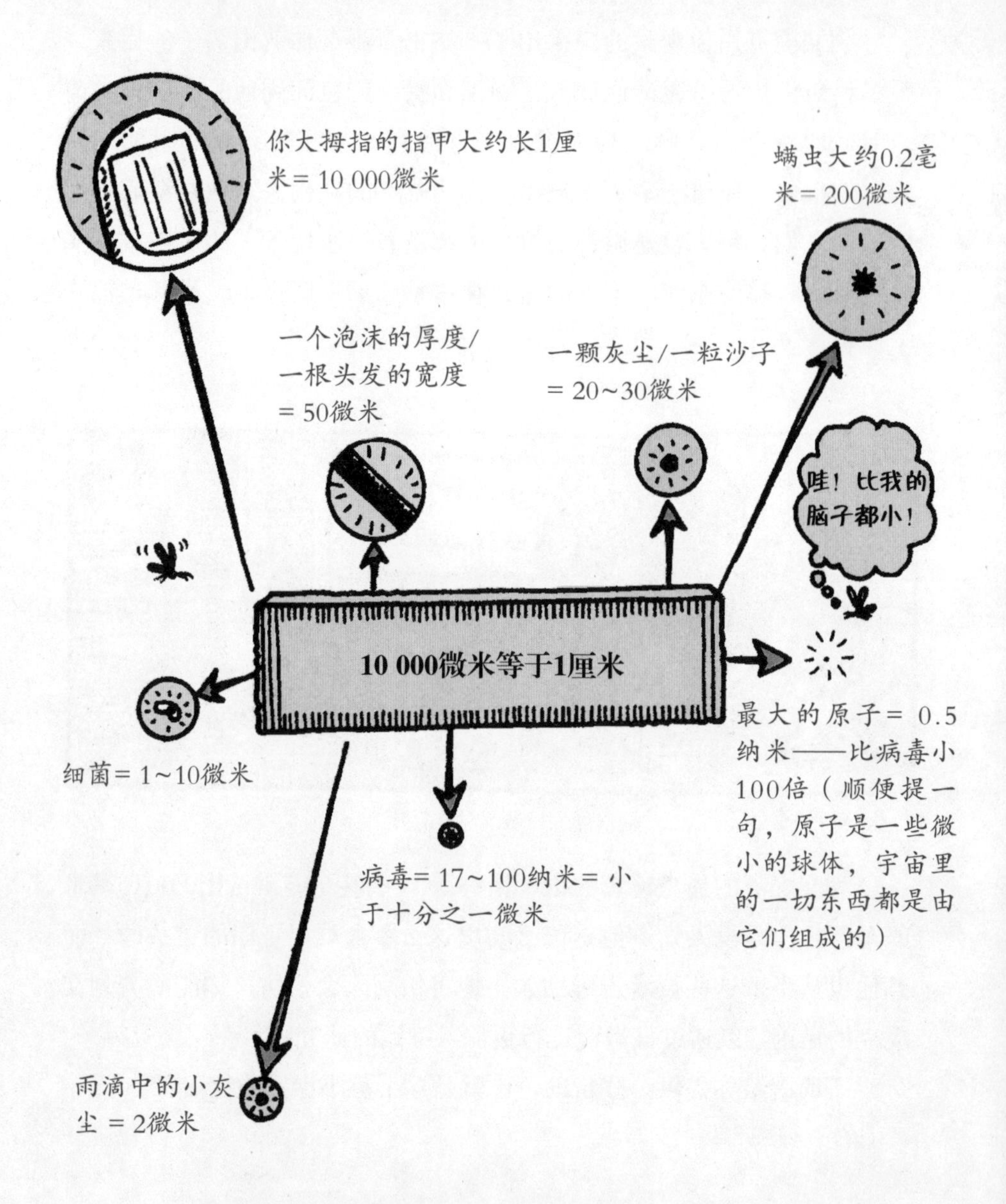

你把上面的这些都看明白了吗？很好！但是，现在就开始微观世界的研究还不是一件容易的事情。你需要知道更多的知识，很奇怪的知识，也就是你们将要在下面一章中看到的。

重要的显微镜知识

在这章中，你将练习如何使用显微镜，甚至可以追寻列文虎克的脚步自己制作显微镜。但是，首先让我们一起顺着记忆的通道回到那节科学课，快速回顾一下显微镜不为人知的历史。还记得那节课吗？你的老师戴着布满斑点的假发，围着一条邋遢的围巾走来走去……

新型非锐聚焦式显微镜

（1730年的样式）

说明书

祝贺您购买了非锐聚焦式显微镜！这是一种高科技设备，用于观察那些连科学家都不了解的极微小事物！下面，我们将介绍如何观察一只蛞蝓（俗称鼻涕虫）。

1. 杀死蛞蝓，晾干，然后把它浸泡在血液中，血液凝固后就会坚硬地包裹住蛞蝓。这样，就能很容易地用一枚锋利的刀片把它的身体切成薄片，然后我们就能研究它黏糊糊的内脏了。

2. 把一片蚯蚓切片放在一块显微镜载玻片上。然后，滴上几滴用鱼骨熬成的臭烘烘的粘胶，把你的蚯蚓切片固定位置。如果没有鱼骨的话，你可以熬制一块死去动物的脂肪来代替。

3. 现在，你就可以观察你的载玻片了：把它放在显微镜的镜头下面，然后通过目镜窥视。

小小的提醒

1. 我们的镜头很模糊，而且玻璃的颜色看起来像彩虹一样五彩缤纷，这让人有点看不清，但它很美丽——不是吗？

2. 你的切片会很快腐烂、发臭。

后来情况逐渐变得好起来

1. 在1830年，显微镜的狂热爱好者约瑟夫·李斯特（1786—1869）设计出一种新型的显微镜。它有两个装在一起的镜头，并且两个镜头所用的玻璃是不同的。由于一些很复杂的原因，光线在通过不同玻璃的时候会发生折射，这就排除了颜色干扰。

2. 也是在19世纪30年代，你可以买到用纯玻璃制成的透镜，用它比用以前的玻璃透镜看得清楚。以前的玻璃因为含有许多杂质而使得影像模糊不清，这些新的透镜要更清晰！

3. 还记得你是怎么把标本切成薄片的吗？到了19世纪60年代，科学家知道了在切片前如何用石蜡来包埋、固定标本，这个方法让切片变得更简单安全。

4. 到了19世纪90年代，科学家在用石蜡包埋标本之前，会用一种化学药剂来使标本变得更硬，这种化学药剂叫作福尔马林。福尔马林可以保存标本，并且使标本更容易切片，这是一个科学家的偶然发现。曾经有一次，他用福尔马林杀死死老鼠身上的细菌，但是他忘记把老鼠从福尔马林里取出来。经过一夜，他发现死老鼠比学校里的奶酪还硬。

今天，我们用福尔马林来保存死去动物的尸体。

你还想成为一个显微镜专家吗

你真的想？！哇！太好了！下面这本杂志就是你的目镜……

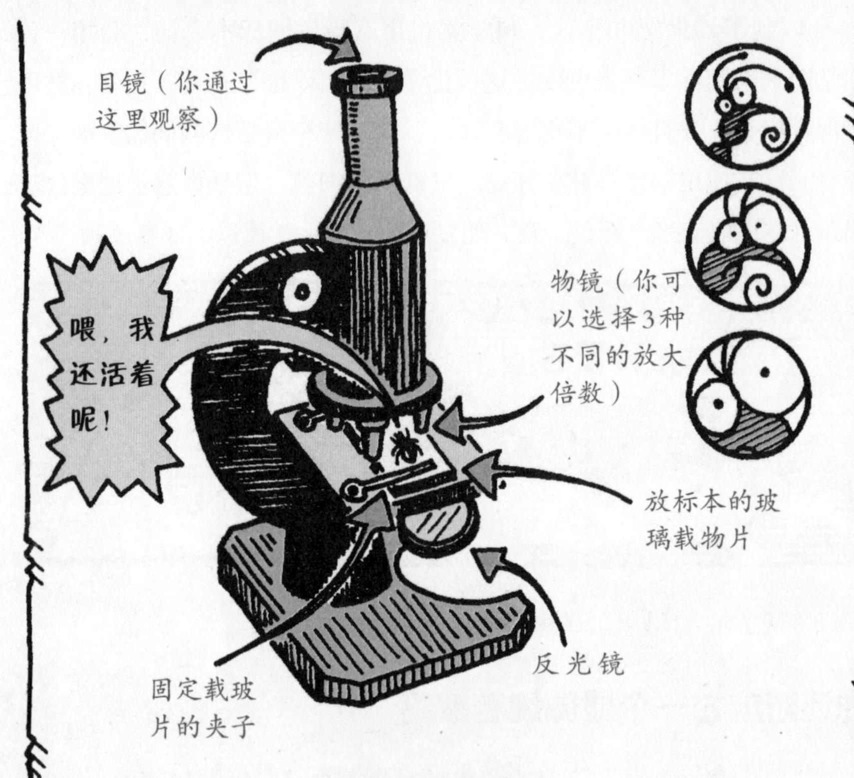

使用须知

你需要做的：

给你的显微镜打上强光，反光镜可以从标本下面反射光线。当然，假如你的标本是固体的，比如是一个死去昆虫的头，你必须从标本上面打光，否则它看起来就是一个暗的斑点，这样你就看不清楚了。

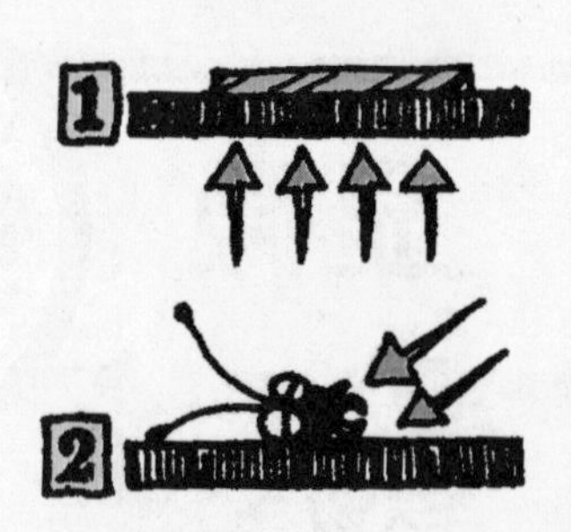

你需要做的：

用一块非常柔软的布或是气刷来清除你的显微镜镜头上的灰尘。（对了，顺便说一句，气刷就是一个球形物前面系着一个刷子。挤压球形物喷出气体吹走那些讨厌的灰尘，刷子可以去掉一些粘住的污物）温柔地对待你的镜头——这就是我的意思！

你不能做的：

你是不是一边透过目镜观察一边上下移动镜筒？一想到你这样做我就想哭啦！你很可能会弄坏你宝贵的镜头——镜头很可能被载玻片弄碎！——噢，千万不要这样！记得吗？一定要温柔地对待你的镜头！

你不能做的：

当不用显微镜的时候忘记重新盖上目镜的防尘盖，忘记罩上显微镜。一次又一次地忘记，你的镜头就会布满灰尘。这样，你的观察结果也就会布满灰尘。

提醒你，灰尘也可以令人着迷——假如你不相信的话可以翻到第80页看看！

好奇怪的说法

两个科学家正在讨论……

你可能会这样大叫：

答案

“镜筒”是显微镜用来容纳镜头的一个主要部分；“深度”是指当你上下移动镜筒的时候仍旧可以得到清晰物像的范围；而“分辨率”是指能够看到的两点间的最小距离，它直接关系到你能观察到多少细节。你明白了吗？

你肯定不知道！

科学家是如何制作标本切片的呢？

1. 他们把标本染色，这样在显微镜下它就清楚多了。特殊的染料可以让某种化学物质着色形成斑点，这样就可以把科学家要观察的微小物体显现出来。通常使用的一种染料是胭脂虫洋红——它是用甲虫制成的！

2. 从物体上切下一个薄片来，这样光就可以从它下面透上来，你就能在显微镜下看清它了。那么要多薄才行呢？大概一

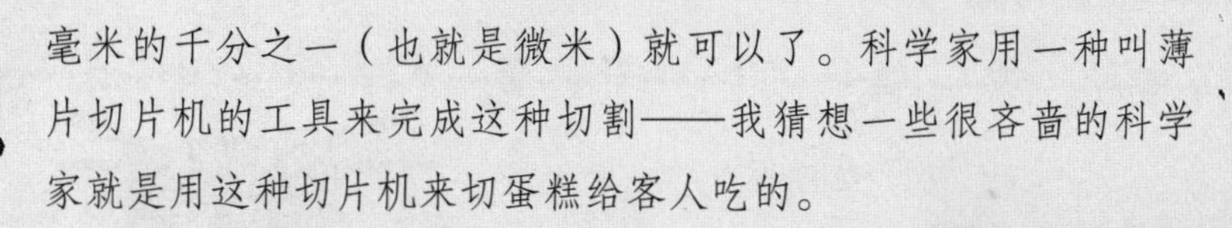
毫米的千分之一（也就是微米）就可以了。科学家用一种叫薄片切片机的工具来完成这种切割——我猜想一些很吝啬的科学家就是用这种切片机来切蛋糕给客人吃的。

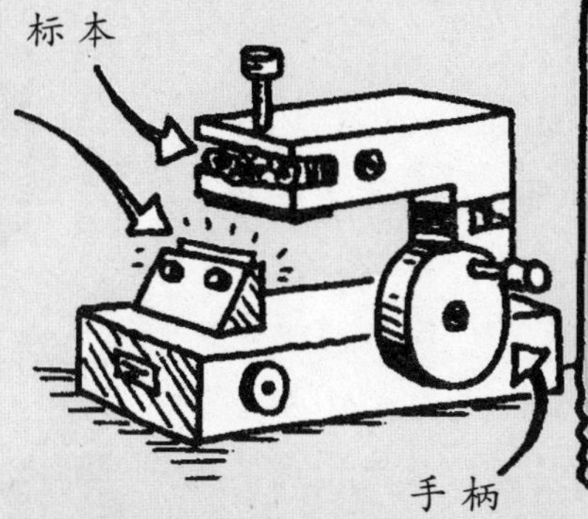

3. 科学家们把标本放在一个玻璃片上，滴上一滴水防止标本干掉，然后再盖上一片薄的玻璃片——就是盖玻片——来保护标本不被损坏。如果他们想保存这个标本，他们就用甘油或明胶来覆盖它，然后用树胶把盖玻片的边缘封好，这样就可以防止标本干掉或腐烂了。

健康警告

不要尝试自己切标本！这样有可能会切到你的手指尖，你就不能再继续你的研究了！

我在前面已经说过了，这本书就是一台显微镜，所以你不需要另一台显微镜来阅读这本书（除非你真的是近视眼）。但如果你真的还想要一台显微镜的话，下面就告诉你怎么制造一台显微镜，你们班上的每个人都会羡慕你的，甚至包括你的老师！想象一下吧——你拥有一台自己的电子显微镜！

显微镜档案

名称：电子显微镜

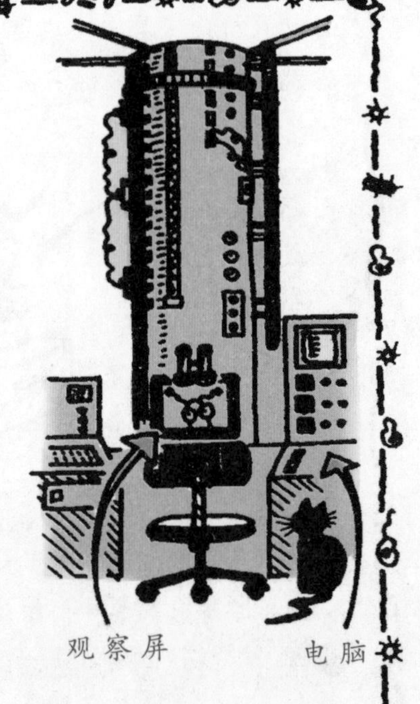

基本特性：

1. 电子显微镜会向你要观察的物体上发射电子束。（电子是围着原子核旋转的微小能量粒子。）

2. 正如电子束一样，光也是由微小的能量粒子构成的，这些粒子飞快地做Z字形前行，从而构成了光波。如果物体比光的波长还小（0.5微米左右），那么你就不能通过一台普通的显微镜看到它了（注：这里的普通显微镜指的是光学显微镜）。

3. 电子束的波长远远小于光波，因此你用电子显微镜看到的物体比普通显微镜能看到的要小200 000倍。

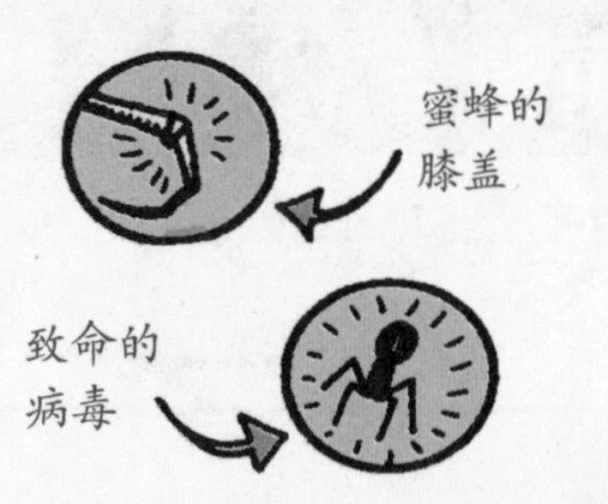

奇特之处：真的令人难以置信，通过一台电子显微镜可以看到那些可怕的微小物体，比如可以引起致死疾病的病毒，像狂犬病病毒。

如何制造自己的扫描电子显微镜

想要把你的设想付诸行动吗？假如你的回答是“当然想”，那么你就来对地方了！

警告

在开始之前请先阅读这些注意事项。但是要小心，它们中有一些并不是完全理智的行为！

首先，要把你的材料装配起来……

一根大的金属管。（一根下水道管子就可以——最好把它好好擦洗干净。）

一个荧光屏和一个电视机里的电子枪。（不，千万不要把你的电视机拆成零件，我想你可以从学校里借一个来。）

一些磁力很强的磁铁。

一台电脑。（它需要装有一些软件，这些软件可以处理来自电子显微镜的图片，说不定一个“友好的”电脑程序员可以提供给你这些软件。）

一台强劲的空气泵，用来抽空显微镜里的空气，形成一个没有空气的空间，也就是真空。

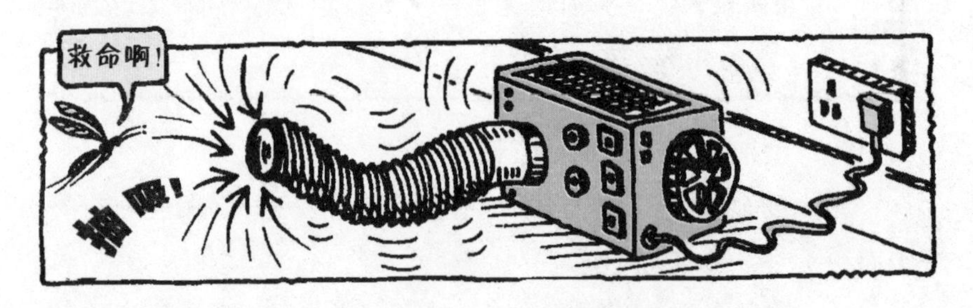

一段电线和一个插座，用来连接电子枪。

下面就是你要做的：

1. 把电子枪装在金属管上，这样电子枪发出的高能电子束就可以沿着管子从一端扫射到另一端。

2. 像下图那样，把磁铁安装在管子的一端。磁铁的磁力使得电子形成狭窄的一束，保证电子束打在你固定标本的地方，并且当它反射以后可以打在荧光屏上，被电子束打到的屏幕会发出亮光。

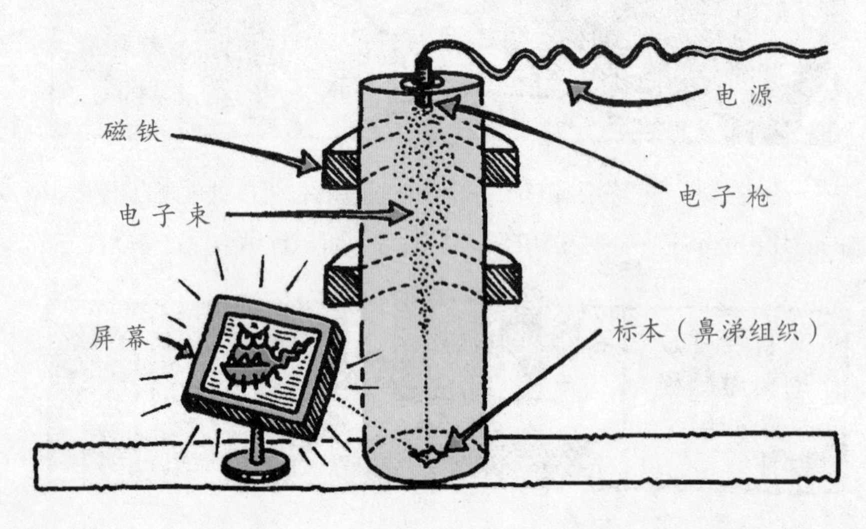

3. 把屏幕和计算机连接起来，这样计算机就可以把打在屏幕上的电子束转换成你所研究的标本的图像。

4. 用泵把管子里的空气抽光，因为空气分子会妨碍电子束的运动，从而会歪曲标本的图像。

5. 哎哟！我可真傻！千万不要忘记把你的标本放上。实际上，这应该是第四步，因为如果你把手伸到真空的管子里的话，你的手指就会被吸进管子里。

6. 插上插座然后接通电源！不，先不要这样做！

一个重要的声明：

你的电子显微镜需要300万伏的电压（很多这样的机器都需要这么高的电压）。如果你用家里的配线来带动它的话，你就会把所有的电缆都烧毁，而且会熔断保险丝，更要命的是，你的电费账单将会变成天文数字！你不得不赔偿所有这些损失，我想，留在你口袋里的钱会少到只能用一台电子显微镜才能看到了！

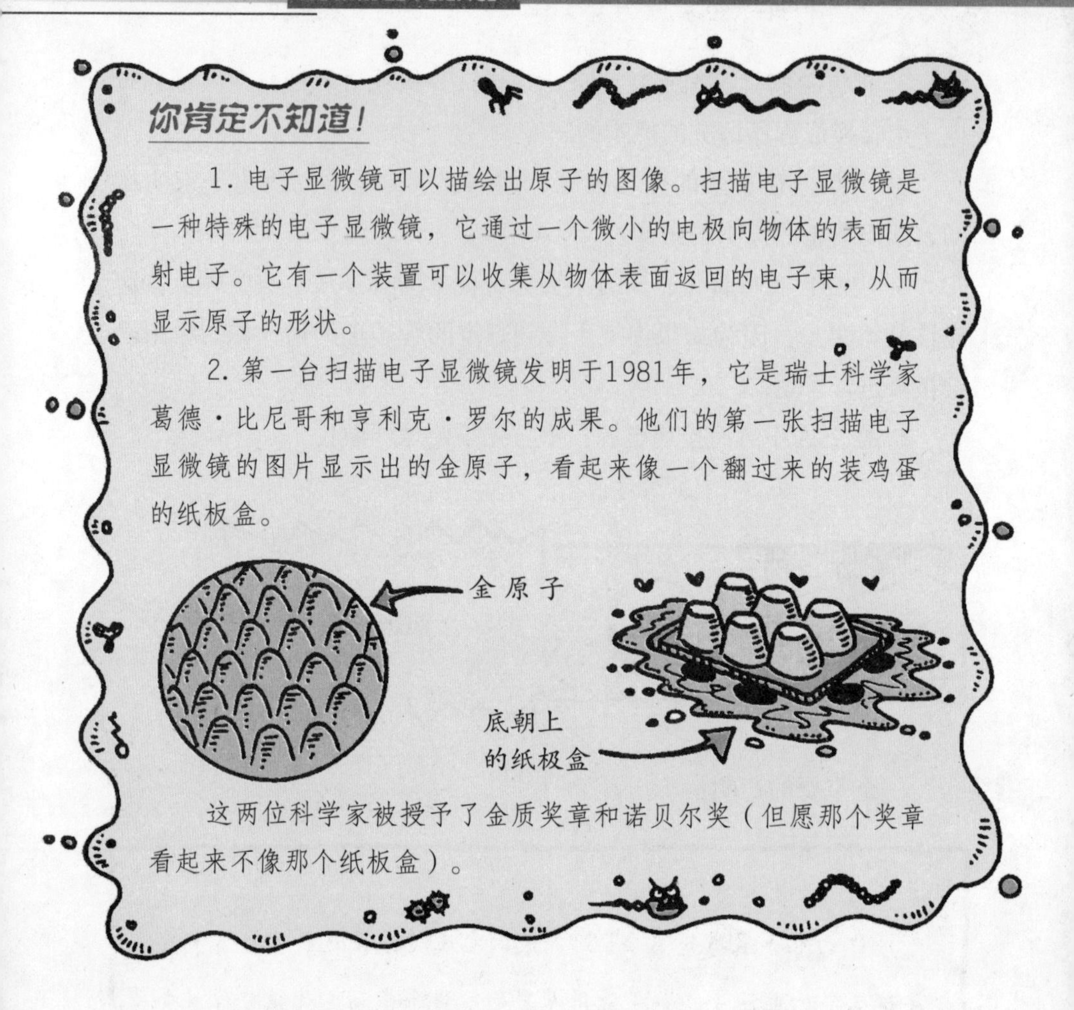

你肯定不知道！

1. 电子显微镜可以描绘出原子的图像。扫描电子显微镜是一种特殊的电子显微镜，它通过一个微小的电极向物体的表面发射电子。它有一个装置可以收集从物体表面返回的电子束，从而显示原子的形状。

2. 第一台扫描电子显微镜发明于1981年，它是瑞士科学家葛德·比尼哥和亨利克·罗尔的成果。他们的第一张扫描电子显微镜的图片显示出的金原子，看起来像一个翻过来的装鸡蛋的纸板盒。

这两位科学家被授予了金质奖章和诺贝尔奖（但愿那个奖章看起来不像那个纸板盒）。

下面，我将会告诉你怎样制造一台显微镜。它虽然不像电子显微镜那么厉害，但制造它要容易得多，而且它真的很不错，你可以用它来研究这只令人着迷的死蜘蛛……

你敢不敢制造你自己的显微镜

你需要的材料：

- 一张宽2.5厘米、长5厘米的卡片
- 一张玻璃纸（尽量用贺卡的透明包装纸）
- 剪刀
- 胶带
- 铅笔或是打孔机
- 一根薄纸管

你要做的事情：

1. 用打孔机或铅笔尖在卡片的中心穿一个直径为5毫米的孔。

2. 用玻璃纸把孔盖上，然后用胶带固定住。

3. 切一段5厘米长的管子，然后在它的一端切开两个3厘米长、上下相距2.5厘米的狭缝。把狭缝之间的部分掀起来形成一个小窗户，这样光就能照在标本上。把管子放在蜘蛛的上面，然后把卡片放在管子上。

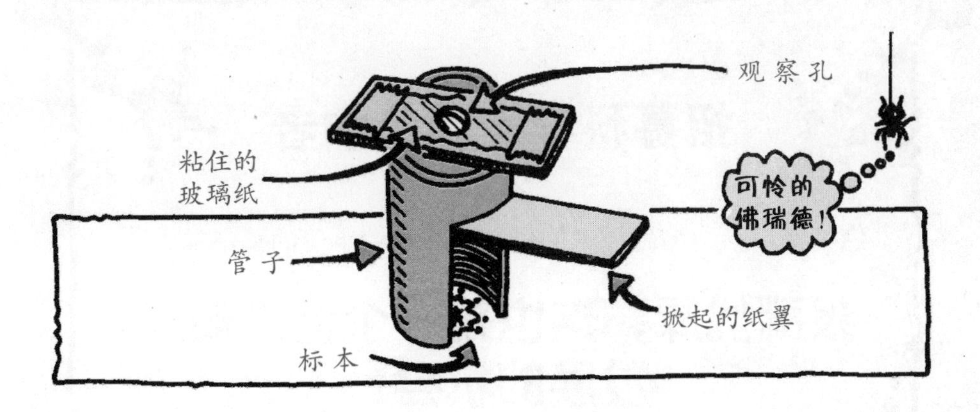

4. 用铅笔尖蘸一滴水，然后让它滴在盖在孔上的玻璃纸上，确定水滴可以覆盖整个孔。

5. 把你的眼睛贴近水滴透过它向里看，你可以看到蜘蛛的8只眼睛和尖牙，这些细节令人惊奇，只是希望它不会让你在晚上做噩梦……

现在想象一下用你的显微镜观察一个小人，对，就是一个真实的人缩小到显微镜才能看到的尺寸。这可能吗？看看下面这个故事吧……

这是一个小小的世界

没有人知道教授的新式缩小仪到底是怎么回事，但是可以肯定一件事，那就是同意参加这个测试实验的人是非常勇敢的……或者说是非常愚蠢的。只有一个勇敢的私人侦探MI.加杰特应征了这份工作——对他来说，这是一次非常糟糕的体验，但他掉进这个圈套并不是为了告示上说的“促进科学发展”。

后来，教授的几句话让他的神情大变……

我志愿参加这次测试，不为别的，只是因为我需要钱。我经历了一切也看到了一切——其实在那种情况下什么也没看到。我参加了整件事情，但我对这个实验几乎一无所知。这是我犯的第一个错误。

恐怕我那些搞科研的同事中，没人会志愿参加这个测试——他们都在嘀咕诸如“无法预测的冒险因素”一类的话。我向加杰特解释这个新式机器能把一个人缩小到只有细菌那么大。

我听了教授说的话，但我不喜欢他说的这些东西。我想退出这个实验，这时教授建议做一个小小的实验。他说“一点也不冒险”，但他错了。我是个倒霉的家伙。我站在那台机器下面，他打开了开关。只是一个小小的实验……

我把一枚大头针垂直放在显微镜下面，当然要避开能使加杰特缩小的射线，这样就可以进行对比了。太神奇了，想起来都让人兴奋！

加杰特感觉到了温暖的射线照在他身上，就像夏天的阳光一样。感觉并不坏，但他发现自己在缩小。他旁边的大头针变得越来越大，最后竟大得像一根巨大的柱子。它的侧面布满褶皱和沟壑，而且它的顶部不再尖锐了，而是圆圆的，看起来就像一个硕大的圣诞布丁。

世界一瞬间变得更加辽阔了。私家侦探的本能使我预感到“不要再这样做了”—— 但是太迟了，大头针不再是大头针了，它看起来像是华盛顿纪念碑。不止这样，还有东西在金属的褶皱里蠕动或渗透出来，活着的东西——像是被压坏了的果冻。大头针看上去好吓人，我开始大声叫喊让教授把我变回原样。

华盛顿纪念碑

真是令人惊奇！加杰特描述了显微镜下的大头针凹痕和上面的细菌。我在显微镜下观察了加杰特，我可以看到他在挥手，但我听不到他微弱的声音。他看上去挺开心的，所以我决定继续实验。但就在那个时候我……阿嚏，一个不幸的事故……是的，我打了个喷嚏……

附近好像有什么东西爆炸了，我被吹得飞了出去。到处都是水滴，我看出那是鼻涕。挡了喷嚏的道对我可不是件好事——简直糟糕透了。教授难道不知道世界上有手帕这种东西吗？地面看起来离我有几百千米远，我一直向下落。我可以确定一件事——因为那个喷嚏……我就要成为乌鸦的食物了。

加杰特会在地毯上拉出很小的大便吗？你随后就会发现的！但是，首先我们得研究侦探题目，看看显微镜是如何解决虽小但很杂乱的神秘事物……包括在厕所里发生的邪恶的盗窃案。

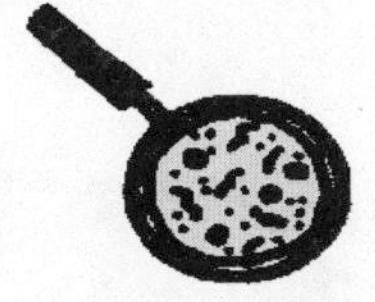

显微镜侦探的神奇故事

法学中有一个完整的分支科学叫作法医学，其中就包括用显微镜来寻找一些犯罪的线索。下面，就是我们从警察博物馆借来的一些法医用来破案的线索。

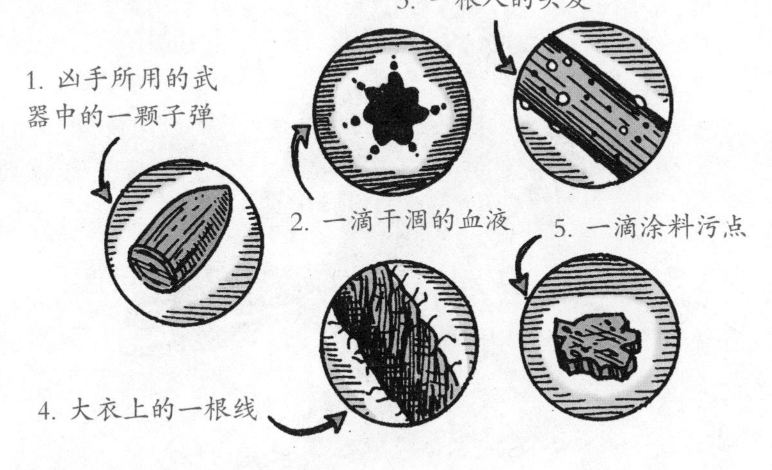

现在，让我们看看怎么用这些线索抓到坏人……

显微镜下的怪物档案

2. 血液可以进行DNA化验。这种物质——就是脱氧核糖核酸——组成我们所有人的独特的化学密码。假如在嫌疑犯的身上发现了受害人的DNA的话，那么这个案子很可能就是他们做的。

1. 子弹一侧的划痕正好跟嫌疑犯手枪的凹槽吻合——谁说科学不酷？

3. 嫌疑犯头发的颜色或一些显微镜下的细节与现场的那根头发匹配。

5. 涂料污点与嫌疑犯开的汽车上的一样。

4. 显微镜下的那根线与嫌疑犯穿的大衣相匹配。

奇特之处： 一些法医学上的证据其实是很可怕的。通过显微镜观察留在犯罪现场的一堆恶心的东西，来推断嫌疑犯吃过哪些食物，你能想象得出这是件多闹心的事吗？这可是法医们整天都在做的工作！

现在，你觉得自己适合当一个法医吗？不要苦恼了，没有任何恶心的东西让你看。下面有一个真实的案例，讲的是如何依靠显微镜的帮助抓住一个邪恶的盗贼……他在厕所里作案。你能帮忙设圈套来抓住嫌疑犯吗？

在厕所里破获的盗窃案

法国里昂，1922年

“这件事太丢脸了！”一个老妇人不住地抱怨，“我的养老金都丢了，一定是你们邮局的人干的！我今年都86岁了，我年轻时可从来没有遇到过这样的事情！应该有法律来管管了！”

邮局局长显得很烦恼，他说：“太太，已经有了这样的法律，我保证抓住那个小偷，返还您的钱。”

老妇人慢慢走了出去，一边摆着她枯树枝似的手指一边低声抱怨。当她走出去以后，邮局局长长出了一口气，叫出他的两个得力的邮递员。他们两个的样子相差很多——杰又矮又瘦，而杰克斯就像一个特大号的邮筒。局长严厉地看着他们。

“这是今天的第三起投诉了。我吩咐你们，在那个小偷再带给我们麻烦之前抓住他。我设想出了一个巧妙的办法，但我怕这个办法会让人很不舒服。”

杰克斯很有信心逮住小偷，所以他忽略了“让人很不舒服”这句话。他显得很自负。

“老板，绝对没有问题，这事儿包在我们身上！”

“很好，”局长说，“我相信小偷在厕所里打开了信，并偷拿走那笔钱。”然后他大概说了一下他的计划。

当这两个邮递员离开的时候，他们看上去非常不开心。

杰戳着他的同伴凸出来的肚子说：“你这个愚蠢的胖子！你凭什么告诉局长他可以指望我们？现在看看你都做了些什么！”

杰克斯看上去都快哭了：“这不是我的错。”他抱怨，“我怎么知道我们要去监视厕所？”

“这真是一个可怕的麻烦！”杰接着说。

杰克斯沮丧地点点头：“我知道这个麻烦很大，但我们可以一直用布捂着鼻子。”

“噢，闭嘴！你这个傻瓜！”杰打断了他。

到了第二天早上11点的时候，这两个邮递员感觉非常不舒服。他们在厕所天花板上的空隙里挤了一上午，都要抽筋了。他们在厕所隔间的天花板上钻了窥视孔，通过它监视下面的动静。那些恶心人的景象快让他们吐了。

“你看到了多少个人？”杰低声说。

“哦，我刚才正在数——10个，也可能是12个。”

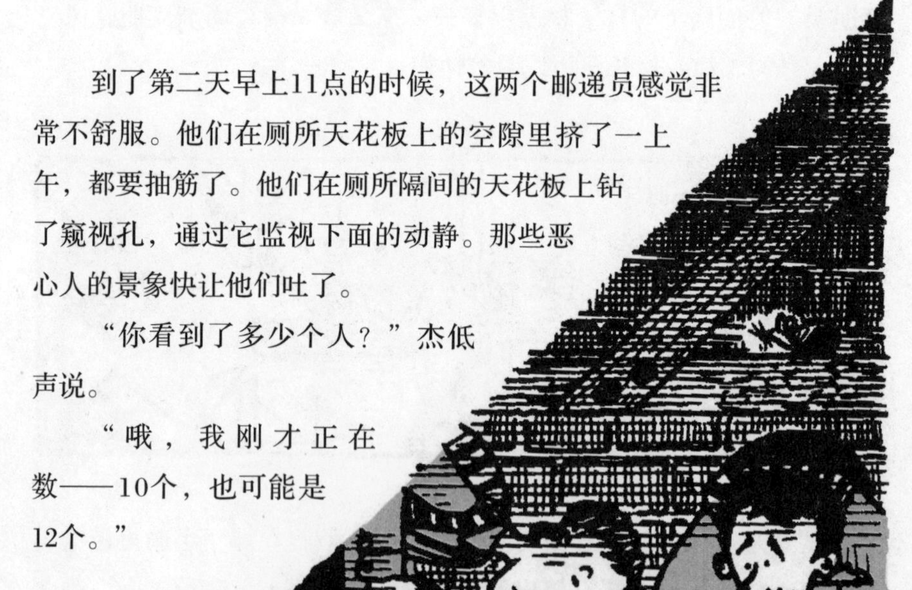

“有人干什么坏事吗？”

杰克斯傻笑着说：“所有的人都在干坏事——我是说他们都让我恶心。我监视的隔间里最后那个家伙一定吃了很多豆子——他真是个臭家伙！这个调查让我的鼻子大受刺激。”

这时，杰把他的手指放在嘴唇上。

“闭嘴！有人在厕所里！”

“他要去哪里？——你的隔间还是我的？”

“我的，嘘，杰克斯——我想他就是那个贼！”

下面传来信封撕裂的声音，然后是里面的东西被拿出来时瑟瑟的声音，说不定小偷正往口袋里塞邮局的汇票或银行的支票。

“让我看一眼！”杰克斯叫着把他的伙伴推到一边去，但他巨大的膝盖突然撞到了天花板，灰泥像毛毛雨一样落到了那个隔间里。于是，那个小偷慌慌张张打开门逃出了厕所。

“看看你干了什么！”

“这不是我的错，”杰克斯可怜兮兮地说，“是天花板的错，关我什么事？！”

在邮局局长办公室里，他们的上司正用手指在桌子上乱敲。

“好的，他长什么样子？”他问这两个邮递员。

“他戴着帽子。” 杰克斯说。

局长鄙视地看了他一眼，说：“你这个傻瓜，所有的邮递员都戴着帽子——这是我们的规定。难道不是吗？所以，现在除了厕所里损坏的天花板之外你们一无所获！”

杰克斯悄声说：“他的意思是说没人能继续在厕所监视了吗？”杰踢了他一脚。

“你说什么？”局长说。

“杰克斯说那个贼身上可能还装着那些信封。”杰说。

“你也是傻瓜！”局长打断他的话，“那个贼又不蠢，他会第一时间把那些信封丢掉。你们确定没有看到别的什么东西吗——比如一些细小的线索？你们最好仔细想想，要不然我让你们俩在今后的6个月里继续监视厕所！”

杰慢吞吞地向外走，边走边嘟囔：“长官，这又不是我们的错！我的意思是，我们又没有一台用于侦查的显微镜！”

突然，局长一拳砸在桌子上，两个邮递员吓得跳了起来。

“显微镜！”他兴奋地叫道，“太好了——就是它！”

警察兼科学家爱特蒙德·卢卡特正当中年，他衣着整洁，看上去就像一个文质彬彬的银行经理。当他听邮局局长讲述整个事情经过的时候，他擦亮了眼镜，把指尖交叉在一起——显露出干净、整齐、修剪过的手指甲。

“嗯，”他说，“这是个很有挑战性的案子。我需要收集你们所有邮递员的外套，然后在显微镜实验室中进行分析。”

几天以后，卢卡特开始通过显微镜观察这些重要的证据。当调节焦距的时候，他的脸上没有流露出一丝兴奋。然后，他用很小的字体写下了一些整洁的记录。

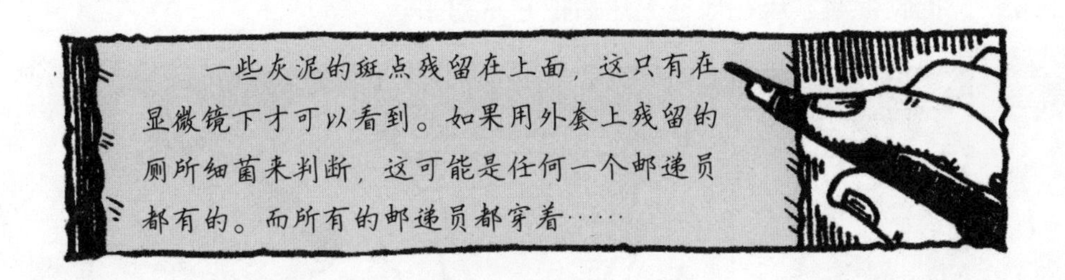

卢卡特发现了什么样的重要线索呢？

a）那个贼在厕所里沾到的细菌。

b）贼外套上的线与在厕所里发现的线相匹配。

c）从天花板上掉落的小块灰泥。

d）信封纸上的小段纤维。

答案

c）尽管那个贼已经洗过了他的外套，但还是有一些灰泥的斑点残留在上面，这只有在显微镜下才可以看到。如果用外套上残留的厕所细菌来判断，这可能是任何一个邮递员都有的。而所有的邮递员都穿着一个样式的外套，所以线头不能用来指认小偷。纸纤维也许可以证明嫌疑犯拿过信封但不能证明他偷了那些钱。

你能成为一个法医学侦探吗

不要烦恼！你不必在学校的厕所里监视！这里有一个简单的替代实验……

你有胆量去发现……如何收集纤维吗

你需要有：

一捆胶带

你需要做：

把胶带紧紧压在地毯上然后把它拿起来。

你注意到了什么？

答案

胶带上布满了地毯的纤维，你可以用你的显微镜观察它们。如果幸运的话，你会发现一些人的毛发或猫和狗的毛，法医就是用这种办法从犯罪现场收集纤维的。假如在一个嫌疑犯的衣服上也发现了这些纤维，就可以把这个嫌疑犯跟这个案子联系起来。

神奇的显微镜

这里有从两条内裤上取下来的化纤样本和棉线样本……

它们看起来一样，是不是呢？好的，接下来让我们用神奇的显微镜靠近一些看看……

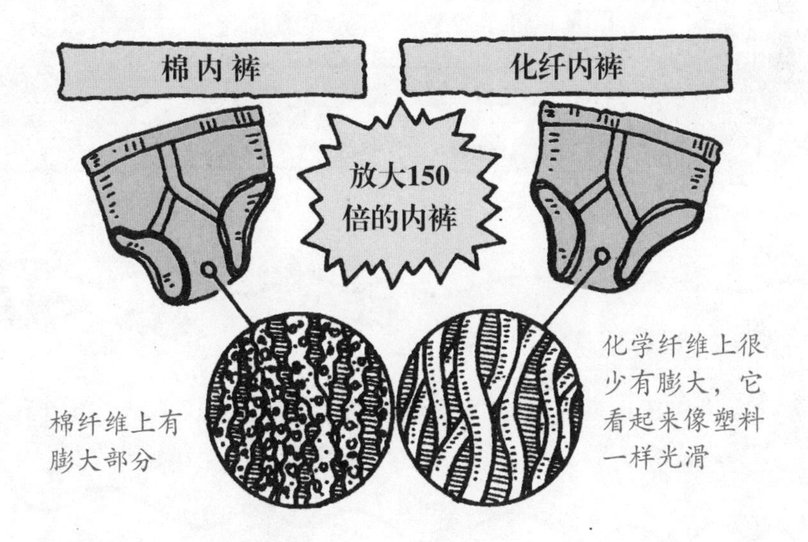

关于纤维的一些小资料

1. 棉纤维来自于棉花种子的最外层，它们不是很光滑。化学纤维始于塑料物质，塑料被挤压成管状，因此它们光滑而且规则。

2. 我们展示的是干净的内衣。通过显微镜可以看到，穿脏的内衣中藏着各种各样可怕的东西。那些纤维看起来就像是撒上褐色的块状填充物和脆玉米片的意大利面，那些褐色填充物就是……不，说的不对，是微小的灰尘颗粒，至于“脆玉米片”，其实是脱落的皮肤屑。

3. 看看你的牛仔裤，你可以看到微小的白色斑点。实际上，你的蓝色牛仔裤里一半的线都是白色的。那些蓝色的线是用靛蓝染成的，如果每根线都是这种颜色，那么牛仔裤就是亮蓝色了。白色的线让牛仔裤像洗过N次后褪色的样子。

4. 羊绒来自于绵羊。哦，你已经知道了？好的，我不废话了——羊绒里的纤维是绵羊毛，它就像你的头发，是由一种叫作角蛋白的物质构成的。通过显微镜放大1000倍后，你能看到微小的毛就像是闪光的碎石路。

你肯定不知道！

除了法医之外，还有一大群专家通过显微技术研究岩石和金属的微小细节。

现在，你可以想象一下，喜欢凑近看无聊枯燥的岩石和金属的人是什么样子。他们穿着带帽夹克，戴着很厚的眼镜。当然，你说对了。下面，就让诺曼来介绍一下他的喜好……

第一个用显微镜来研究金属晶体的科学家叫作亨利·索比（1826—1908）。他觉得一个有趣的假期就是开着他的游艇出海，然后沿着海滩研究海浪如何冲刷来自河流的下水管的碎片。（他为英国一个管理泰晤士河的官方机构做事。）他肯定是个聪明的人，因为他自学了这些科学知识，并且有一次他说他的目标是……

你有胆量把这句话说给你的老师听吗？

实际上，微观世界的确实非常令人兴奋——你准备好去发现了吗？

令人兴奋的材料测试题

下面是一些需要用到显微镜的好玩的工作。为了让这个小测试更有趣，我们在里面加上了一个任务，而显微镜对这个任务无能为力，就像你的旧衣服对你来说没用一样。你能把它指出来吗？

1. 寻找飞机失事的原因。

2. 研究海底的岩石。

3. 鉴定钻石的质地。

4. 检验金子是不是纯的，有没有混入一些廉价的金属。

答案

2. 在水底很难使用显微镜，因为水底的光线不足，你可以把一些小块岩石取出水面然后再研究要好一些。

其他的都是真的……

1. 事故调查员常常搜集失事飞机的残骸碎片，并研究其刮擦痕迹。这些可能对解释事故的原因有一定的帮助。

3. 显微镜可以显示钻石切割的好坏。顺便说一句，假如你买不起钻石的话，可以通过研究食盐颗粒来代替，食盐是由大约60平方微米的单个正方体状晶体组成的。但是，如果在吃饭的时候做这件事情的话，你的爸爸妈妈可能会很不高兴。

4. 与所有金属一样，金子是由几微米大的晶体组成的，这些晶体看起来像是碎石路。只要观察晶体的形状，你就可以断定哪些是金子，哪些是假冒的金属。

除了我们上面说过的，还有很多科学家使用显微镜。显微镜是研究微小生命形态的科学家的得力工具，比如科学家可以用它研究腐烂的微小植物或非常小的虫子（它们真的让人恶心）。

你做好准备去发现它们黏糊糊的小秘密了吗？

微小的怪物们

总得有人首先打开用显微镜研究植物和虫子这个领域的大门，这个人是个驼背的侏儒。

好啦，这都是他的朋友们描述他的话……看来他们有点不太友好。

名人画廊

罗伯特·胡克　（1635—1703）国籍：英国

胡克是个难看的侏儒，他的爱好就是到处散播人们的谣言，他一点也不像光芒璀璨的大科学家艾萨克·牛顿（1642—1727）那样。

但是胡克也是一个有才气的科学家，他制造出自己的显微镜，而且还出版了一本名为《显微镜学》的书，里面都是些令人反胃的图片，并且都是他自己的发现。你可能会佩服我们的老朋友列文虎克，他是这本书的狂热爱好者，他不懂英文，但是很喜欢看那些图片。现在，是非同寻常的“可怕的科学”的独家报道——带给你一个真实的罗伯特·胡克！他从坟墓里出来，起死回生来告诉我们他的那些发现……

死去的智者：罗伯特·胡克

现在是什么时代？我死了多久啦？

啊！要让我讲解显微镜——这是我的骄傲和荣幸！好吧，我允许你对我的技术和精巧的手艺大吃一惊——你知道，显微镜研究是我的工作！

读者们，对不起，罗伯特·胡克是个非常自以为是、狂妄自大的家伙。

我用这盏油灯做光源，这个玻璃球可以让光线变得更亮，而且它可以把光线聚焦到我放标本的视平面上。

我用我的显微镜来观察一种叫作霉菌的微小植物和雪花。因为雪花很快会融化，所以观察起来很困难，我不得不和显微镜一起待在冰天雪地中。

一天，我在观察软木塞的时候发现很多小孔洞。我把那些小孔洞命名为“小室”（现在我们称之为“细胞”）。这是一个伟大的发现——当然，我本人也很伟大！

我对植物很感兴趣。在观察一个大荨麻的时候，我发现在它的叶片上有一些微小的刺。这些刺真的很神奇！它们有什么用吗？

我在显微镜下碰到了一根刺，看到刺的尖端扎到我的皮肤里，有毒的汁液进入手指。告诉你：当时我痛得都跳起来了！现在让我们再试一次……

胡克实际上并不真正理解那些软木塞上的小室到底是什么，它们有什么作用（你可以翻到第97页，那里有详细的说明），找到这些问题的答案将会是个伟大的成就。随后，我们会一起看看胡克是如何研究小虫的，但是现在让我们先看看那些霉菌和其他脏兮兮的微小植物。哦，我想我们不得不这样做……

显微镜下的怪物档案

名称： 微小植物

基本内容： 微小植物的主要种类有：

1. 真菌类——包括霉菌和酵母菌（详细内容在下面）。

2. 藻类——包括你在池塘里发现的绿色的、黏糊糊的那些东西。

3. 地衣类——实际上就是真菌和藻类的共生体。这种植物经常在艰苦的环境像南极洲这些地方生长——你想去那里过个暑假吗？

独特之处： 藻类在臭水沟里欣欣向荣地生长，这是它们的生长习惯之一……

可爱的小藻类

一些科学家觉得那些藻类很有魅力，特别是显微镜下的藻类看起来像是活着的黏液小球。我们决定用它们自己的话来进行下面的介绍，现在我们首先打开全球第一家藻类宠物店……

一个快捷注释……

我知道“宠物”这个词的意思通常是指可爱的长毛动物，但是这里，“宠物”这个词指的是你得到的那些水下游动的“植物”。

你是一个孤独的科学家吗？你是不是很渴望有个朋友，他可以听你讲你的科学理论而不会昏昏欲睡？不要找了！给我们钱就可以啦！

警 告

藻类通过分裂的方式来繁殖。你需要一些其他的小生物来吃掉你的宠物，防止它们形成一大团黏糊糊的东西污染掉它们生长的水环境……如果你掉进去的话，它们还可能会毒害到你！

1. 可爱的长角蒴果

描 述：它看上去就像个自制的圣诞节装饰，只不过放错了地方。

大 小：0.5毫米。

可爱的特性：有一些匕首似的尖刺来抵御其他一些微生物。

饲 养：不要为饲养它们而担心——它们利用阳光和空气中的二氧化碳来制造糖类作为食物——这个过程叫作光合作用。

注意：你可以把你的宠物作为温度计——水温越高它们伸出的尖刺就越多，这可以用来检查你的洗澡水温度是否合适！

2. 赏心悦目的硅藻

描述：难以描述的美丽，是不是呢？

大小：0.2毫米。

赏心悦目的特性：它们在光线照射之下发光，因为它们的身体是透明的，而外层身体像是坚硬的盒子，里面含有硅质成分，硅质也是组成沙子和玻璃的物质。

饲养：光合作用。

你可以用一种看起来像植物的动物来制止你的宠物过度繁殖。为什么不试试呢？它野蛮而且古怪……

3. 饥饿的水螅

描述：一只绿色的橡胶手套。

大小：1.25厘米。

可爱的特性：在它的手指里有刺丝，用来杀死一切靠近它的东西。呃，这好像并不可爱，对吧？

饲养：这个生物用“手指”捕获猎物送入口中。

饲养脏兮兮的真菌

你不喜欢藻类吗？那么好吧，也许你可以和真菌友好相处。通过显微镜放大500倍，真菌看上去就像是剪着非洲式发型的长长的蠕虫，但它们的饮食习惯不怎么好——你想知道吗……

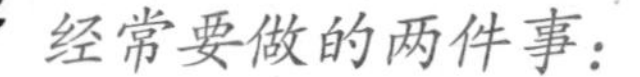
经常要做的两件事：

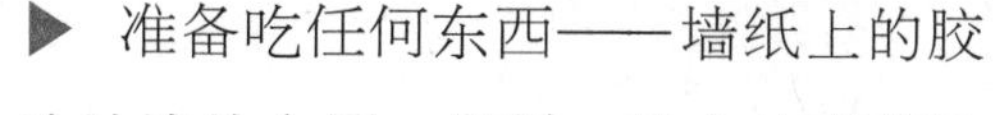
▶ 准备吃任何东西——墙纸上的胶水，涂油漆的金属、塑料。挑食的真菌是弱智的。

▶ 告诉细菌滚回去。最好的办法是释放出一些如二氧化碳或氰化氢之类的物质来杀死大部分的细菌。对，就是要杀死它们！

肮脏真菌纪实

1. 干霉菌会吃掉你房子里的所有木头。它们首先在潮湿阴暗的地方生长，然后把它们摄取食物的管子延伸到干燥的墙壁和地板上！唯一制止它们的办法就是把你家里染上霉菌的东西全部清理掉。

2. 菌类可以把任何东西都赶走。它们的摄食管外面含有丰富的几丁质盔甲，昆虫就是用几丁质来保护身体的，所以它们很难被消灭。

3. 真菌制造的有毒物质很少，通常它们并不伤害人类。但是在20世纪20年代以前，人们常常在涂料中添加一种致命毒素——砷。真菌吞噬了这些涂料后，便释放出砷气，这种气体闻起来有大蒜的味道，很多人都因为吸入了砷气而死亡。

听上去是不是很让人着迷呢？但是你的父母会制止你在卧室里饲养致死真菌或干霉菌，这真的很扫兴。不过不用介意，为什么不试着用显微镜来研究小虫子呢？本章的以下部分将会介绍一些非常微小的虫子，你只能通过显微镜才能看清楚它们。这些虫子并不美丽，而且它们的生活习惯也让人厌恶……现在你还准备面对这些丑陋的真相吗？

虫子做的坏事1：不付费就随便搭乘

1. 很多虫子身上都寄生着更小的虫子，那些小虫子只有0.2毫米长。蜂螨就紧紧地附着在……嗯，你想它们会附着在哪里？

这些小虫子没有害处，所以我猜想它们只是认为这是蜜蜂身上的一个好地方，在那里它们可以听到嗡嗡声。

2. 羽毛螨虫生长在鸟类身上。有一种墨西哥鹦鹉身上有30种羽毛螨虫，它们吞食坏掉的羽毛碎片和死掉的皮屑。

3. 拟蝎（也叫假蝎或伪蝎，是一种小虫的名字）紧钩在苍蝇的绒毛上。假如它们厌烦了高空生活，就会用毒钳子夹住苍蝇让它落到地上，然后吃掉它的尸体！

你说你不怕近距离地观察一只拟蝎？好吧，现在这里有个东西，请把你的手伸进去……谁说科学都是只说不做呢？

神奇的显微镜：土壤中的生物

土壤中生活着各种各样的虫子，下面介绍的是最常见的两种。

你知道怎么做吗？再仔细看……

如果你真的什么也没发现那就往下看。哇，这个显微镜真的好神奇啊！你真的可以看到这些虫子……

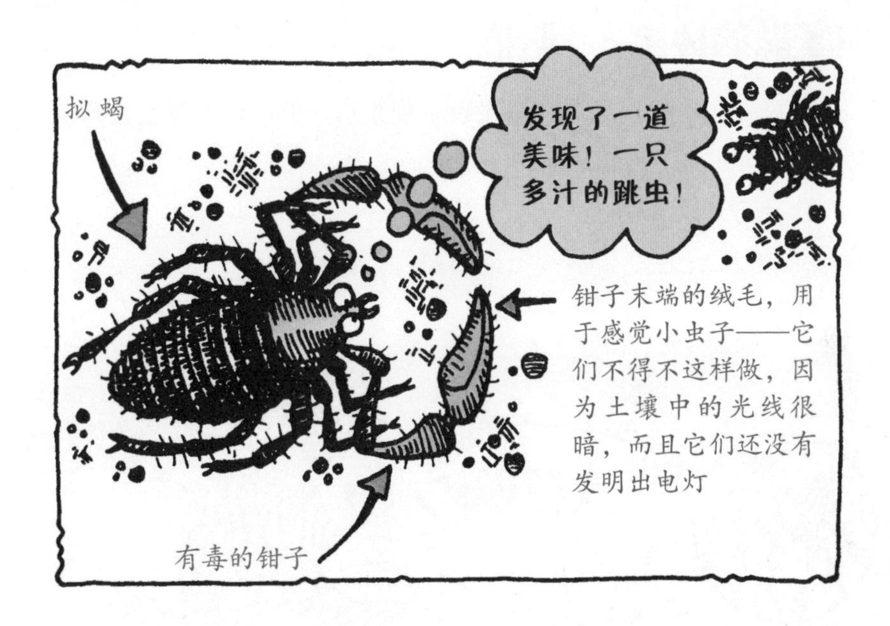

拟蝎捕食跳虫。（跳虫的尾巴上确实有弹簧似的东西，假如再大一些，它们一定可以获得世界跳高比赛的冠军！）

迄今为止，你对这一章有什么看法？这些丑恶而且野蛮的虫子的特写是不是让你胆寒呢？你一定很震惊。现在，有一个机会去发现残忍的吸血虫子在显微镜下的秘密，抓住这仅有的一次机会！

虫子做的坏事2：吸血

忘掉吸血鬼吧！当你在显微镜下观察虫子的时候，你会发现吸血鬼如果跟这些虫子比起来就像个好人。

1. 比方说跳蚤……

不同的动物身上长的跳蚤也不一样——狗虱长在狗身上，犰狳虱长在犰狳身上，刺猬虱长在……够了，我想你一定明白了。不过，还有一件很奇特的事情，刺猬虱的身上还寄生着一些微小的螨虫。我想，那些螨虫一定过得很愉快。

2. 小跳蚤太小了，以至于它们不能吸血，但它们也不是不吃不喝。它们吃父母的排泄物，其中有丰富的消化了的血液。这样，它们的父母在吃午饭的时候就不用再给它们喂食了。但如果是你，你愿意吃掉你父母的排泄物吗？

3. 有一种跳蚤叫作恙螨，它把卵产在人的脚趾之间。它在皮肤上挖洞来产卵，雌性的恙螨还会吸血，它会让人感染细菌，这种细菌会引发血液中毒。我想受害者一定会说：“唉，我被恙螨给害了！”

1. 300年前，人们在脖子上戴一种特殊的东西作为诱捕跳蚤的陷阱。每个陷阱都有一个带洞的容器引诱跳蚤爬进去，还有一根有黏性的小棍来粘住跳蚤，这样它们就爬不出来了。瑞典的女王克丽丝蒂娜（1626—1689）发明了一种折中的办法——她用一个只有10厘米大的炮来轰跳蚤。

2. 维多利亚女王时代的古怪科学家——弗兰克·巴克兰德真的喜欢跳蚤。他花了20年试着训练跳蚤演杂技，甚至还造了一个轮船模型让跳蚤来拉。每个晚上，他都用一滴自己的新鲜血液来喂养他的宠物。

一个恶心的实验

我们死去的老朋友罗伯特·胡克做了另一个让人恶心的实验，他用的是另外一种吸血的虫子——虱子。他在显微镜下观察了一只虱子吸血的过程，这只虱子从他的手上把血吸到它透明的身体里。他说：

我想，这个虱子一定感到很奇怪：为什么这个怪人要看我吃午饭呢？

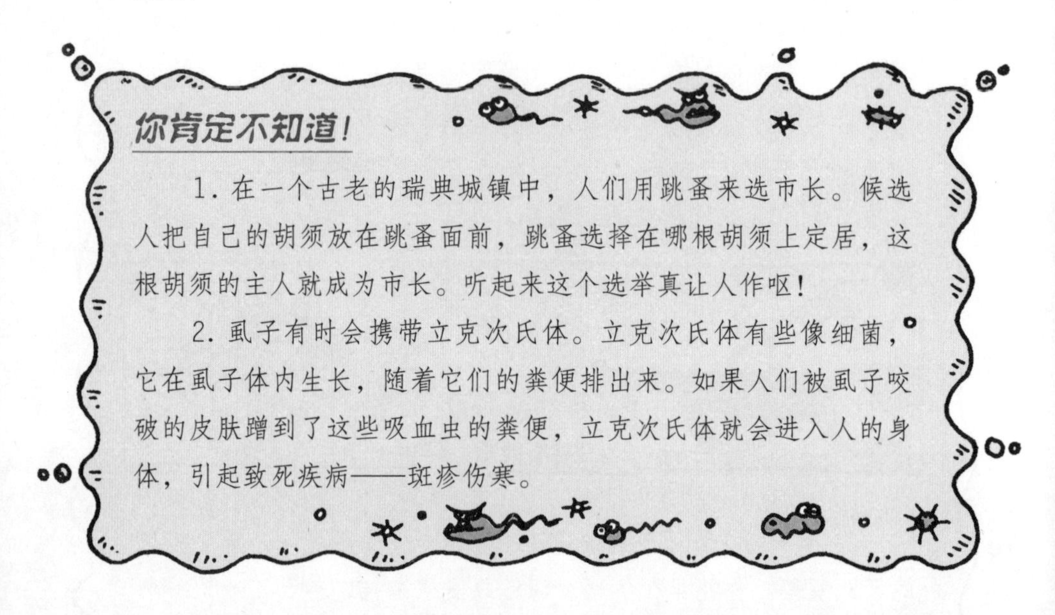

你肯定不知道！

1. 在一个古老的瑞典城镇中，人们用跳蚤来选市长。候选人把自己的胡须放在跳蚤面前，跳蚤选择在哪根胡须上定居，这根胡须的主人就成为市长。听起来这个选举真让人作呕！

2. 虱子有时会携带立克次氏体。立克次氏体有些像细菌，它在虱子体内生长，随着它们的粪便排出来。如果人们被虱子咬破的皮肤蹭到了这些吸血虫的粪便，立克次氏体就会进入人的身体，引起致死疾病——斑疹伤寒。

在下一章，我们将会遇到与前面一样让人厌恶的事情——一些致命性的微生物。我说了“与前面一样”，对吗？因为这个世界本来就不大，到处都有类似的事情发生……

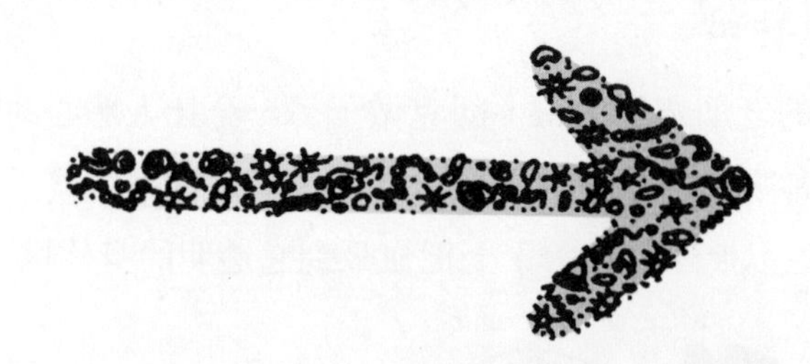

危险的微生物

假想一下，所有的东西都变得看不到了，而通常看不到的微生物开始发光。所有的东西——树木、房屋、人，学校的宴会和狗屎全都不见了，但你还知道它们在何处，这些物体和其他的任何物体的轮廓都被可怕的发光微生物勾勒出来了，这是因为所有的物体上都爬满了这些小怪物！

显微镜下的怪物档案

名称：微生物

基本内容：主要的微生物有细菌、原生动物和病毒。

1. 细菌——见下一页。

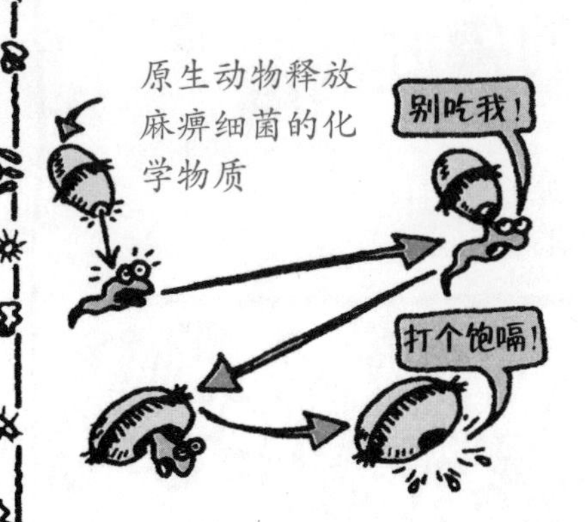

原生动物释放麻痹细菌的化学物质

2. 原生动物在移动和吞噬细菌的时候能够改变形状。所以，如果你和它一样小的话，你一定要小心不要让它把你包围起来当午饭吃掉。

3. 病毒非常小，你需要用电子显微镜才能看到它。它基本上是个DNA链（如果你不知道DNA是什么，翻回到第38页来巩固你的记忆）。

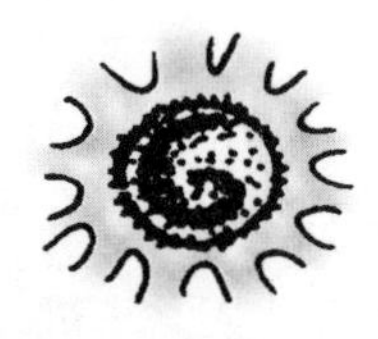

感冒病毒攻击咽喉中的细胞（可以引起咽喉疼痛）

奇特之处：这3种微生物都能引起致死疾病。

1. 细菌可以引起瘟疫和肺结核。

2. 原生动物可以引起疟疾——这是一种由蚊子传染的可怕的疾病。

3. 病毒可以侵入细胞，利用它们中的物质制造新的病毒，直到这些被入侵的细胞精力耗尽而死。由病毒引起的疾病包括黄热病和流感。

可怕的科学的提问时间

顶级科学家
韦拉·蒂妮教授
回答你关于细菌的问题

好了好了，我们知道了，你快点告诉我们到底细菌是什么。

细菌为了可以在生活的水域到处游动，它们就不断地扭动身体。一些细菌通过摆动鞭毛来游动，鞭毛就是像鞭子一样的尾巴，而另外一些细菌则通过摆动许多细小的纤毛来游动。

细菌形状各异，但相同之处是，它们都非常小。细菌有圆形的、扁形的、柠檬形状的、梨子形状的，还有……反正是各种各样的，但你可以在一个火柴盒里放下数百万的细菌。假如你和细菌一样大的话，那么餐桌看起来就有640千米那么长，而且你就是走一辈子也走不到学校了！

世界上总共有多少种细菌?

美国南加利弗尼亚大学的科学家在黄石国家公园的一个温泉中发现了61种细菌，其中有57种是现今科学所不知道的。一些科学家认为一小撮土壤中含有10 000种不同的细菌，当然，他们并没有真正数过。

有谁自愿去数那些细菌吗?

尽管它们多得数不清，但是还是可以描述一下的。一个中等大小的草坪中有无数的细菌——它们大概有4.5千克那么重。它们被一大群小生物吞食，比如原生动物或黏糊糊的线虫。线虫没有眼睛，却有6片橡胶似的嘴唇。

细菌还生活在别的什么地方?

它们无处不在！大多数细菌生活在一堆堆用黏液建造的“城市”里，那些黏液就像是组成城堡的岩石，有200微米高（以细菌的标准来看当然很大）。黏液城市最常建在哪里呢？你真的想知道？那我来告诉你，它们一般建在污水管、假牙、隐形眼镜、内脏中，以及任何你能想到的地方……

那么细菌每天都做什么呢?

哦，它们吃东西，并且分裂产生新的细菌，然后接着吃啊吃，分裂啊分裂，即使它们厌烦了，还得不停地吃，不停地分裂。嗯，也许它们有空的时候会在显微镜下踢足球，但是它们可能会滑倒！哈哈，对不起，这只是我的小玩笑。

你肯定不知道！

细菌通过摆动它的纤毛或鞭毛可以每小时游0.00016千米远。你可能会嘲笑它："哈哈，我在游泳课上可比它游得快！"但是在笑之前你最好先读读这句话：以它的大小而论，细菌比奥运会游泳纪录保持者游得都快！

给你提个醒……

一些人很怕细菌。读了这本书以后你可能也会害怕它，但不要这样。很多细菌对我们是无害的，而且实际上有一些细菌还对我们有益：你肠胃中的细菌就能协助你制造维生素K，这是一种帮助凝血的物质。细菌在我们周围已经存在了千百万年，它们还会陪伴我们一直到世界的终结。不管怎么样，发现细菌真的是科学上的奇迹！

细菌虽然很小，但它们很坚强，它们度过困境的秘密就是形成芽胞。芽胞指的是厚厚的囊状物，可以用来保护它们的身体。读了下面的部分，你可能会很惊讶，觉得我描述的细菌个性自负，喜欢夸耀它们的生存技能。好啦好啦，我只是稍微有点夸大，假想一下它们差不多就是这个样子……

自负的细菌

当然，从我年轻的时候起我们就有这个坚硬的外壳了。我已经在一株干枯的植物上粘着的一粒泥土中活了300年了……

那算什么。我记得当我生活在一艘轮船的底部的时候，我不得不吃的东西只有……轮船。

我吃一点儿轮船就会死。我在一个停车场中生活了很多年，能吃的只有柏油路。

哦，当我还年轻的时候，我在冰冷的海底待了3000年，压在我身上的海水能把一个人压扁。

哼，你们年轻的时候都过得太舒服了！我把家搬到土壤里之前，我只能住在中央热水管里，只能吃那些管子！

它们的这些自夸都是真的！

1. 科学家已经复苏了年代非常久远的植物标本上的细菌。

2. 生活在污染的海水中的细菌的确能吞食轮船！水里的细菌吞食硫，并且把硫变成硫化物。这些硫化物和轮船上的铁原子结合后，会生成一种黑色、难闻的化学物质——硫化铁。另外，一些细菌还很喜欢狂吃这些脏兮兮的混合物。这样，它们就吃掉了轮船。

3. 这是真的，一些细菌专吃柏油路。提醒你一句，这要花掉它们成百上千年的时间。打个比方，就像让你吃掉珠穆朗玛峰那么大的一堆汉堡。

4. 有的细菌生活在海底，并且它们很习惯海底的水压，如果把它们拿到水压很小的水面上，它们的身体就会砰的一声裂开。

5. 一些细菌喜欢生活在温度很高的环境中，它们在你的铜热水管里住得很开心。这些细菌吞食水中的化学元素硫，排泄出一种叫作硫化物的化学物质。硫化物可以与管子里的铜原子结合在一起产生硫化铜，这种化学物质会让你的热水龙头放出来的水闻起来有臭鸡蛋的气味。

6. 消毒剂中含有一种叫作苯酚的化学物质，它能杀死大多数细菌，但是有些细菌认为这是一道美味！

你肯定不知道！

1. 当细菌在尸体上生长的时候，它们释放的甲烷会让尸体膨胀至原来的3倍大，甚至有时会使尸体爆炸。1927年，在英国国王乔治五世妹夫的国葬上，尸体爆炸发出的巨响中断了葬礼。

2. 生活在牛胃中的细菌也能制造甲烷，这些甲烷可以消化草的坚硬的细胞壁，这样牛再消化草就容易多了。牛通过打嗝或是放屁来排出甲烷，其实牛也不想这样粗鲁无礼，但它真的没有其他选择了，我们就原谅它吧。

好奇怪的说法

一个科学家说：

你会不会这样回答呢？

答案

他说的是自养生物——如果你不知道就耐心往下读！这是一个很好的术语，指的是用简单的化学物质制造食物——哦，不不，我们现在不是在说烹饪课，而是说自养生物的食物。自养生物包括植物和某些细菌，它们通过光合作用来制造食物。（还记得光合作用这个词吗？我们在第54页已经讲过了。）另外一些自养细菌依靠化学物质硫来维持生活，你们刚刚已经知道了……

有关细菌早餐的小测试

下面的“食物”中，细菌不喜欢把哪种作为早餐？

a）你妈妈的维生素C药片

b）一桶硫酸

c）一双破旧的长统雨靴

d）一座古庙

答案

a）细菌不吃维生素C，也许是因为它们不喜欢健康食品？

b）一些细菌在稀硫酸中生活得很幸福，它们甚至可以把稀硫酸当食物！

c）细菌喜欢大嚼胶乳——这是一种树脂，是没有经过加工的橡胶。在第二次世界大战中，很多房屋都在空袭中被烧毁了，原因就是橡胶做的消防水管被细菌吃出许多孔洞，耽误了灭火工作。长统雨靴中的橡胶经过硫处理，你已经知道了，有一些细菌是靠吃这种化学物质为生的，所以细菌也能把雨靴吃掉。

d）柬埔寨的吴哥窟是世界上的奇迹之一，同时，它也是一个巨大的细菌快餐店。泥土中的细菌制造出的硫化物和湿气一起侵入庙宇的砖石中，更多的细菌吞食硫化物并排泄出一种酸，这种酸就会毁掉这座庙宇。

你能够成为一名科学家吗

育空（加拿大的一个地区）的一个酒吧老板给了他的客人一杯让人作呕的鸡尾酒。它是一杯香槟酒……里面有一个带着完整的脚指甲的人脚趾（这个脚趾是在一个小木屋中发现的，没有人知道它为什么会在那里，我猜想它可能在寻找它的脚）。不管怎么说，这个老板向他的顾客挑战，看谁敢喝这杯混合酒，他说：

但是，为什么细菌不吃这根脚趾并让它腐烂呢？

a）细菌都觉得吃脚趾太恶心了。

b）育空实在太冷了，细菌都被冻僵了。

c）那根脚趾被浸泡在酒精里，很少有细菌可以在这样的条件下存活。

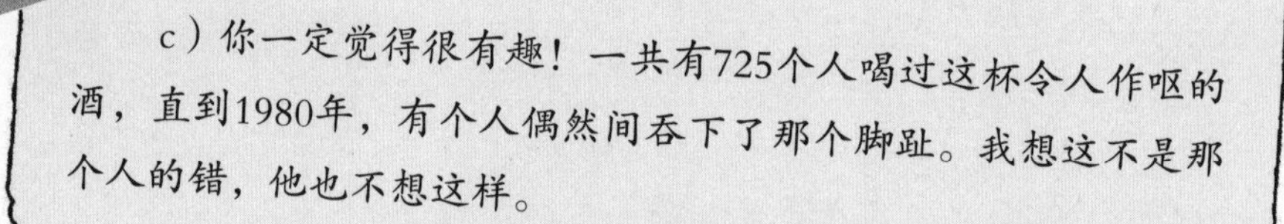

答案

c）你一定觉得很有趣！一共有725个人喝过这杯令人作呕的酒，直到1980年，有个人偶然间吞下了那个脚趾。我想这不是那个人的错，他也不想这样。

捉弄一下你的老师

你只需要一根铅笔就可以打扰你老师的喝茶时间，多么狡猾的恶作剧。首先，轻轻地敲击教职工休息室的门，当门打开的时候露出天使般的笑容，然后问：

答案

告诉你这个恶作剧的秘密。答案不是“能”也不是“不能”，而是“各占一半”。细菌很喜欢吃木头，但是“铅笔芯”实际上是用焙干的黏土和石墨（石墨是纯净的碳的一种存在形式）制成的。细菌不能吃掉铅笔芯。也正是因为这个原因，细菌也不能吃钻石，钻石也是由纯净的碳构成的。

神奇的显微镜

一双破旧的皮鞋。可能你不想多看它一眼，但是它的里面隐藏着很多微小的生物。发现显微镜神奇之处的另一个例子……

看一眼吧。你觉得难以忍受？噢，让我们坚持下去！为了我们的科学研究！现在，这双鞋好像不那么难闻了！接着往下看……现在你看到了藏在一双破鞋里的秘密，那些皮革看起来就像是碎石路而且……

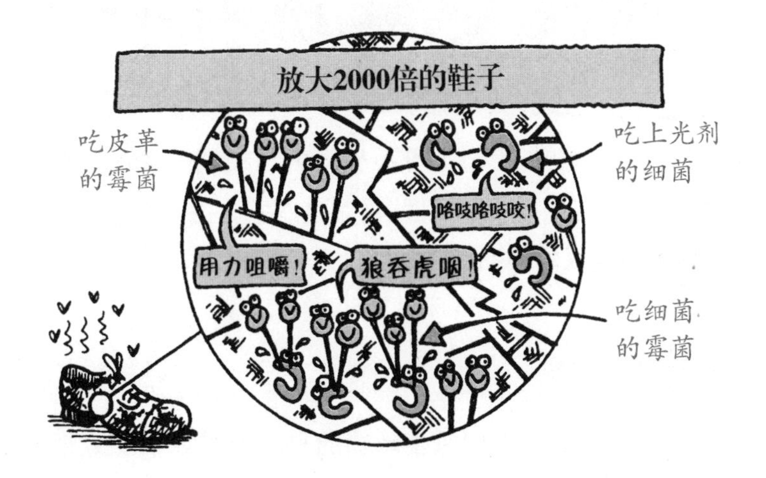

你有胆量去发现：怎样给细菌提供一个温暖舒适的家吗

你需要的材料：

- 一个装满水的带螺旋盖的罐子
- 一些草

你需要做的：

1. 把这些水贮存3个小时。
2. 把草切成小段，然后放到水里，把盖子盖好。
3. 把罐子放在温暖的地方保存一周。

你注意到了什么？

a）液体变浑浊了。

b）液体变绿了。

c）液体开始冒泡，变成了橘红色，而且从罐子里溢出来的东西可以吞噬一切。

答案

a）那些浑浊物其实是成千上万的细菌，它们正在愉快地吃草。这些细菌在你封上盖子之前就有了，它们来自于草和空气。把罐子倒空，然后找个大人用消毒剂来擦洗。假如你的结果是c），那么祝贺你！你发现了一种新的细菌……还等什么，快点来做实验吧！

不管怎么样，现在我们不得不从细菌黏糊糊的世界中离开了。不要难过，你们会在下一章中继续见到这些肮脏透顶的家伙。但是现在，让我们开始进入同样黏糊糊的原生动物的世界。

巡游的原生动物

第一个在显微镜下看到原生动物的科学家是我们的老朋友列文

虎克（它们太小了，无法用其他的方法看到）。想知道他看到了什么吗？下面就是一个原生动物的模样……

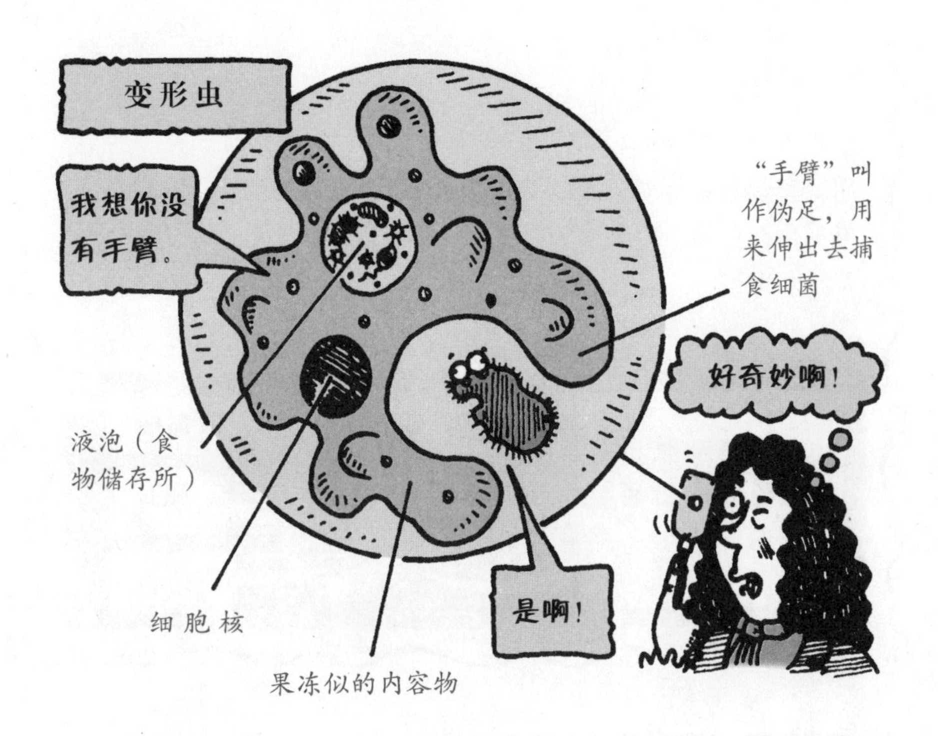

你有胆量造出一只变形虫吗

你需要的：

- 一张纸巾（不是你擦过鼻涕的）
- 就是它了，你不需要别的东西了

你需要做的：

1. 在纸巾的两边撕开4厘米长的裂口（这样它在水里就像个变形虫的形状了）。

2. 把纸巾紧紧地扭成一股。

3. 把纸巾上伸出的部分扭在一起，做成一个变形虫的样子。

4. 把它放到水里。假如你搅动水的话，你的变形虫就好像在移动。小心，它可能会吞掉你的手指！如果你不相信，就往下读……

你肯定不知道！

原生动物可以迅速繁殖。举个例子，草履虫每22个小时分裂一次。假如一个草履虫从元旦那天开始分裂，到了3月7号，它就会形成一个直径1.6千米的巨大黏液球。一个月以后，这个黏液球就会长到地球那么大，不要担心我们会被它们毁灭。很幸运，有其他一些微小的生物很有公德心，它们在草履虫占领世界之前就把它吃掉了。

给读者的紧急通知……

你常常在草地上行走吗？最好不要这样做。假如你在草地上散步的话，就会有成千上万的小生物无辜丧生！！！你的脚会压烂土壤，把湿气从泥土里压出来，这会让一些黏液霉菌开始生长！

"那么什么是黏液霉菌呢？"我听到你紧张地问这个问题。好吧，不要这么焦虑——黏液霉菌对人类是无害的，你也不会在某天的学校午餐中吃到它。但是如果你仍旧很好奇，这个黏液霉菌的自传也许可以回答你的所有问题……

我作为黏液霉菌的一生

变形虫著

黏糊糊出版社出版

我不记得我是什么时候出生的，因为那个时候我太小了。但我确实是一个变形虫——我后来成为了一个黏液霉菌的一部分。我喜欢在黑暗的土壤里玩——对啊，这是我的家乡嘛！虽然我的朋友不多，但总有一些细菌会成为我的伙伴——直到我把它们吃光！

一天，有一个小孩子在草地上到处走。我听到了巨大的骨碌声，感到地动山摇，随后土壤变得很干，细菌就停止了分裂。不久，我的液泡就开始咕咕叫了（注：变形虫的液泡相当于我们的胃）。然后我看到了另一个变形虫，它发出一个化学信号，我就被吸引过去跟随它了。很快，就有另一个变形虫跟着我了。不知不觉地，我就成了一条变形虫组成的长链的一部分了。“噢，简直太好了，”我想，“让我们站成一排来跳舞吧！”

过了一会儿，我们就流到了一起（当然还是在地下），我们一起流动直到形成了一个蛞蝓的形状。

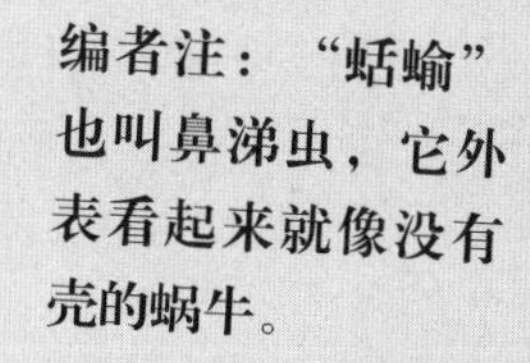

编者注：“蛞蝓”也叫鼻涕虫，它外表看起来就像没有壳的蜗牛。

“哇！”我想，“我一直想做一个软体动物来着！”

编者注：“软体动物”是鼻涕虫的高雅的叫法。

我们继续向上爬，身后留下了一条闪光的黏液痕迹。这些黏液是变形虫身体内像果冻一样的东西制造出来的，分泌出来的黏液被我们踩在路上，然后分裂成很小的颗粒留在了土壤上。多么英勇的牺牲行为啊！那些变形虫真的有内脏，因为我能看到它们！

在路上，我和其他的变形虫聊天，有些虫子说世界末日快要到了。于是我又问其他的虫子："我们这是往哪里去啊？"可是谁也不知道。随后，一只岁数很大的变形虫喃喃地说："我们向有光和热的地方前进。"她的意思是说：我们要去吃一顿饭吗？可是我已经非常愉快地杀了一些细菌当作早餐了！当我们到达地面的时候，我为眼前的东西震惊了，我一辈子也没有见过这样的东西（哦，是的，我承认：我这辈子是没有见过很多东西）：矗立在我眼前的是一座黏糊糊的塔，它是由许多活着的、被压扁了的变形虫组成的！它很大，简直像是一个巨人！我觉得它一定有十分之一个毫米那么高！

成千上万个变形虫堆在一起，使这座塔越来越高。从塔底部的深处发出呻吟的声音，在我周围散布着传闻：无数变形虫正在制造一种坚硬的化学物质，这种物质能够把它们的身体变硬，并在最后杀了它们，这么做只是为了确保我们这座可爱的塔不会坍塌！

我开始往塔上爬，越爬越高，经过那些把自己变成硬块的虫子们，听着他们的呻吟，看着它们彼此紧抓。说我有野心吧！但是我必须到达塔顶！

随着我越爬越高，我发现我自己也在发生着变化：我的身体正在渐渐变硬。“呀！”我想着，“到塔顶时我就会很坚硬！”但是，事实并不是这样，我长出了一个小囊。这个小囊能够保护我的身体。随后我真的到了塔顶，我能感觉风在吹。一阵风把我吹走，我所能记起的就是在包裹我的小囊上的一击——但是我逃离了世界末日！这一击使我像一包果冻一样颤抖！（好了，也许我本来就是一包果冻呢？）

最后，我落到了这块可爱的湿土地上，这块土地上有很多细菌。但是我很幸运，因为有99.9％的变形虫不能像我这样。我可能只是一只卑微的小虫，但我是生还者，在我自己的理解方式下，能生存下来使我变得有点儿特殊……

科学的注释……

当你在草地上漫步的时候，上面所说的一切都正在发生！科学家们对于这件事的细节并不了解，但是变形虫确实能够在干燥的环境下形成黏黏的霉菌。一些化学物质控制着这个过程，而这些化学物质是由变形虫自己制造的。

你是不是已经受够了微生物了？好了，非常残酷的是：它们还没有受够你呢！就在现在的这一秒内，就有数百万个微生物爬过你的脸，向你的鼻孔挺进。如果你想知道它们还想做什么，那么你最好继续往下读！

因为从现在起，这本书的内容就开始涉及个人的私事了……

哈哈！医学显微镜

如果没有显微镜，现代医学将何去何从呢？当然是走进死胡同啦！如果没有显微镜，科学家们就不能关注人体上微小的细节，比如说皮屑。显微镜使我们看到许多微小的、恶心的细节。

幻想在一个夏日的早晨，一些小小的灰尘在阳光中跳舞，就像是被镀成金色的小虫子，那是多么美好的时刻啊……这一切都是在你知道灰尘实际上是由什么构成的以前……

你有胆量去发现灰尘是由什么构成的吗

你需要的：

一缕阳光（把一些深色的窗帘放下，两个窗帘间只留下一个15厘米的小缝），或者你也可以这样：等到晚上，然后拿出一把小手电。

你需要做的：

1. 面向阳光。

2. 用你的手抚摸自己的头发，再隔着衣服用手摩擦你的胳膊，随后举起你的衬衫，并且抖动你的衣服。

你看到了什么？

a）一团黑点呈现在我面前。

b）一团亮点呈现在我面前。

c）从我身上掉下的一大块皮。

答案

b）这些小灰尘其实是一些会爬的微生物腐烂了的尸体。噢，是的，就是它们。并且这些东西就在你的周围，因为是你制造了它们——它们就是你的皮肤！

c）试想一下：如果你是一个吸血鬼，那当阳光照在你身上时，就会把你的身体变成灰尘！在这种情况下，你可以选c）。

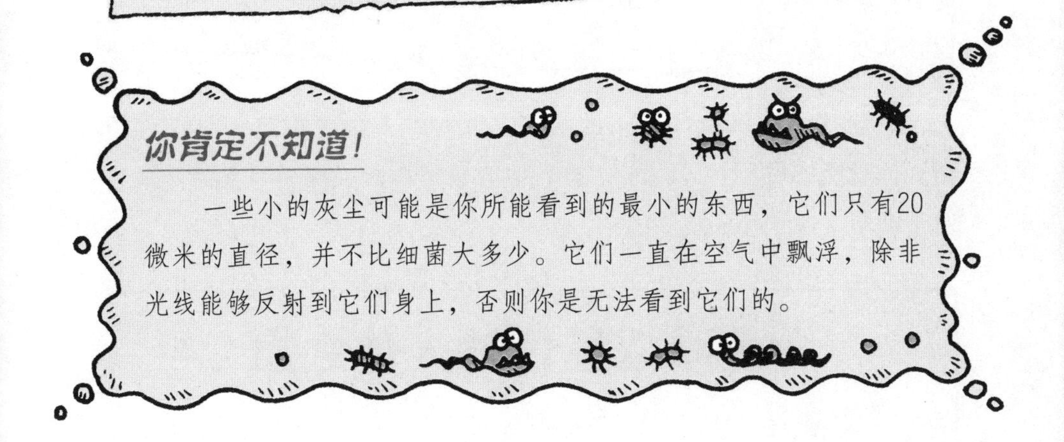

你肯定不知道！

一些小的灰尘可能是你所能看到的最小的东西，它们只有20微米的直径，并不比细菌大多少。它们一直在空气中飘浮，除非光线能够反射到它们身上，否则你是无法看到它们的。

现在你有多了解你自己的身体？当你非常近距离看你自己的头发、眼睛、肤色，甚至是你鼻子的形状，任何一个细微的部位，你能看到什么新鲜东西吗？好了，事实上你会看到很多你从来没有看到的东西（一些非常小的东西）。

你能成为一名科学家吗

科学家们估计：每秒钟你会损失50 000块的小皮屑。但是更令人不可思议的是，他们还发现从男人身上掉下来的皮屑所含有的微生物要比从女人身上掉下的多5倍。这是为什么呢？那是因为……

a）男性的汗水中拥有更多适合微生物生存的营养物质。

b）男人比女人脏。

c）女性身上的微生物都被她们所用的香水杀死了。

答案

b）因为男人比女人洗澡次数要少。正如你将在第120页上看到的，流水冲洗能够除掉细菌，所以女人皮肤上的微生物要比男人的少。但是，女孩子们请注意了：这并不意味着男孩子总是很臭——只有当他们真的很脏，而且很长时间没有洗澡，身上的细菌足够多的时候，他们才有可能很臭。

如果你选c），那么就奖励你自己一半的分数吧，因为虽然香水有杀菌的作用，但是皮肤上只有喷到香水的位置才能没有细菌。

你想探索人类身体可怕的细节吗？好的，如果你是一只细菌的话，你就能够做到这一点了，并且你会非常喜欢"探索"人的身体。对于细菌来说，每天都像过节一样……

令人难以置信的人体之旅

可怕的科学和细菌……

细菌们要出走了（但是跑得并不远）

这是在人的皮肤和头发上最后的小憩！

我能够让物体腐烂，在这个过程中我会享受每一秒钟。

行程表

第一天

*早上：*第一站是嘴巴，一个舌头上的快速旅行。你会在舌头上惊奇地发现9000多个一群一群的味蕾，有些味蕾的顶部

周围就像是蘑菇一样。其他味蕾的形状是尖尖的，这样便于搬运食物。

好好欣赏一下：在味蕾周围顽皮的细菌的游戏吧！

下午：给微生物神奇的旅行注册吧！请仔细观察在牙缝之间不同的微生物。但是请小心，这些变形虫会在这个区域里埋伏，并且它们可能会试图吃掉你！

注释

变形虫能吃掉细菌，所以它们对人类是没有害处的。一个你能够免费获得活着的变形虫的地方是狗嘴里。当一只友好的小狗给你一个带着口水的吻时，同时你从它口水中也获得了一只变形虫。

第二天

早上：享受一个在皮肤上的放松的漫步！要小心些——有些年轻人的皮肤每天都能泵出半桶油来，所以你的步伐可能会显得有些滑！去尽情享受那美味的油和你能在身体上发现的任何死皮吧，把它们作为一次加餐。

下午：羡慕面部平原上的火山吧！事实上，它们并不是真正的火山，而是丘疹——所以当它们喷发脓汁的时候，你一定要小心了！

晚上： 在甜甜的鸡尾酒酒吧中解渴吧。局部的甜味烈酒对于我们细菌来说是特棒的滋补品，它富含美味的盐、糖和矿物质，这些东西都可以使我们保持健康!

注释

因为有200多万个甜酒吧，你会因拥有太多选择而被宠坏，但是值得注意的是——女性会制造出小的、便于饮用的甜水珠，而男性能制造出巨大的水球，这些水球会溅到地上。

第三天

早上： 探索魅惑的发丝森林。总会发现一些新东西——比如说令人兴奋的分杈的发梢，它看上去就像是劈开的木头，或者是可爱的新长出来的头发，就像是从土壤中钻出来的粉色小虫子。让我们期待这天过得愉快!

午餐时间： 品尝美味新鲜的头皮屑吧！这些头皮屑都是从头发上用脂肪油给洗下来的。

下午： 去羡慕头发的树干上那些精细的灰尘收藏品，以及那些因头油而粘上的花粉吧！（正是这些头油，使没有洗的头发拥有了可爱的光泽。）如果我们特别幸运的话，我们可能看到一些小的虱子的幼虫（虱子的卵）或者那些害羞的已经退休了的生物，也就是人头上的虱子。这些虱子长着毛茸茸的身体，带关节的腿和触角，还有像螃蟹一样的壳。真是令人难以忘怀!

*晚上：*现在，我们的旅行快结束了。是离开皮肤的时候了，让我们开始一次在房间内的空中旅行，然后在猫的身上着陆。

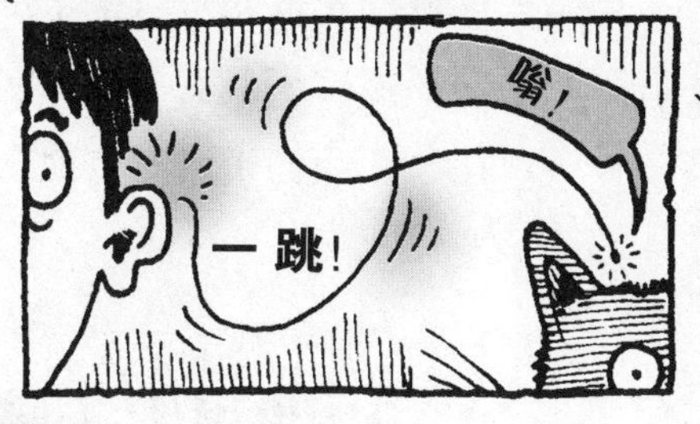

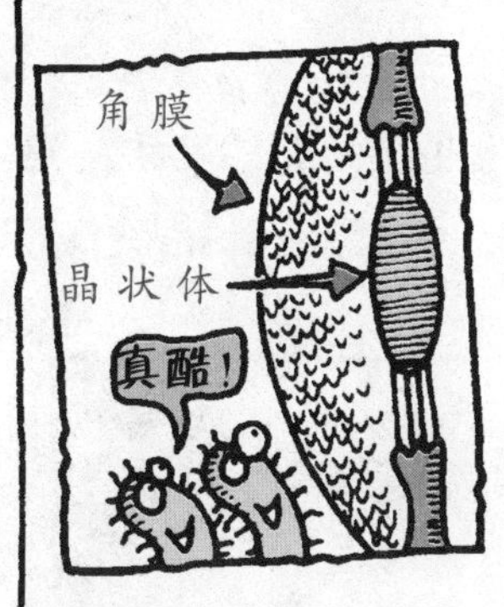

额外的旅行

1. 在眼球细胞里的经历

当你看到带着一层一层重叠细胞的角膜时，你会为之感到兴奋，一层层的角膜细胞就像是瓦片搭成的房顶。视觉其实就是你通过晶状体内整齐排列的透明细胞采集到图像。（如果晶状体不是透明的，人就看不见了。）

2. 骨头里的旅程

在骨头里的怪诞之旅。骨头的内部是海绵状的，而外部是坚硬的，整个结构就像是一个庞大的洞穴系统，其内部充满了相互联系的通道。如果连这些通道你都看不到，只能说你是个笨蛋了。

3. 肺部内的周末

当肺部吸入一口新鲜空气的时候，好好参观一下吧！探索那些可以充气的小管，去羡慕那些小气泡吧！这些0.01厘米的小囊四周都绕满了血管，氧气能够进入这些血管，而二氧化碳气体将从血管流出。对于所有的家庭来说，这些运载气体的小囊都是非常有趣的。

但是，如果你不敢幻想以一个细菌的身份探索人类的身体，那么还有另一种途径能够使你看到人的身体——你可以缩小到像MI.加杰特一样。现在，让我们来看一看他会到哪里去……你还记得我们把他落在哪里了吗？

这是一个很小的世界（续集）

故事是这样的：在一次收缩的实验中，发生了可怕的错误。这时，勇敢的私人侦探加杰特先生正在一个云朵般的鼻涕上漂着呢……

加杰特能够看明白他走到了哪里，但是他一点也不觉得这有什么新鲜的。突然，空中的一小团气流把他吹到了一大团毛茸茸的东西上，其实他落到了教授养的一只名叫提多的猫的毛上。加杰特穿过一片森林——至少在他眼里这是森林，而事实上这个森林就是猫背上的毛。

原来是猫。不要问我为什么不喜欢猫。如果给我选择的机会，我会对有组织的犯罪更感兴趣。可是现在我却在一只猫身上，不过至少待在上面很暖和。后来，这只猫开始舔自己。我感觉它的舌头很粗糙，而它的毛看起来更粗糙，事实上，它的毛更像是一个巨大的橡胶片，上面还布满了一根根尖刺，这些刺跟我手指头的长短差不多。

这么说来加杰特先生就在提多的身上了？提多能够救加杰特先生，它是多么聪明啊！提多粗糙的舌头正好起到了梳子的作用，可以把它自己的毛梳理整齐，同时把它皮肤上的腺体所分泌的油抹到毛上，这样就可以使它的毛保持很整齐的状态。留在毛发上的唾液会渐渐变干，我们的科学家用“蒸发”来形容这个过程，这个过程能够带走猫身上的热量，这样就能使猫很凉快。

哼！猫倒是凉快了，可把热气都带给我了！那巨大的舌头越来越近。我都能闻到一股热乎乎的带着鱼腥味的气息，我知道：我肯定是在它舔东西时到了它的嘴里……

就在加杰特马上就要被吃进去的时候，他竟然被一个怎么看也不像是一个能帮忙的东西给救了。是的，这个东西似乎并不是来帮忙的，它好像只是路过，而加杰特先生无意间抓住了它，还牢牢地挂在了它的身上。这个家伙有着一个很大的盾牌样的身体，足足比加杰特大3倍，全身都布满了盔甲般的板。它的口器就像是一把匕首，并且加杰特看到了口器里面有一团鲜血。突然，这个东西跳到了空中，它跳得非常高，至少对于加杰特来说比摩天大楼还高，原来他是骑在了一只跳蚤身上。

身边的事物在我眼前一一闪过——它看起来并不是很漂亮。突然，这只跳蚤跳到了这只猫背上的其他位置，我有一种反胃的感觉。“生命就像蹦极一样。”我寻思着，很快地我跳离了这只跳蚤。

我不知道加杰特跑到哪里去了，我找遍了所有地方！我已经把我的房子分成了几个区，并且用我的放大镜来搜寻每一个角落，这可是我所有的放大镜中放大倍数最高的一个。但是他跑到哪里去了呢？

教授，我所在的位置比你想象的要近很多，你还记得你蹲下来，你的猫向你跑过来的时候吗？可能你能记得抚摸着你的小猫并且对它说：“淘气的提多，别走到这里来，你可能会踩到加杰特身上！”随后，你并没有仔细看你的手指头，对吗？

是的，我正好就在你的一个手指头上！你把我从你的猫背上捡了起来。你站起身来，而我就像是疯子一样大喊，我喊着：“听着，你这个愚蠢的科学家，我就在你的手指头上呢！”但是你根本就听不见我说话。

教授的皮肤充满了裂纹，很像干裂的泥巴，到处都是小坑，冒着潮湿的油乎乎的水珠。与此同时，加杰特先生也正在出汗。

这是个难堪的处境，同样教授看起来也不漂亮。他的手又抬了起来，我被粘到了一个手指背侧的毛上。我感觉这样很不好——但是我却不知道为什么不好。很快地，我看清了我们将到哪里去。是的，我知道了！一个巨大的嘴张开了，一股热气向我袭来。我的胃又翻腾起来——这股气体闻起来像是夹杂了酸牛奶、奶酪、洋葱、大蒜还有陈年黄油的味道。圆形的唾液小珠还有细小的细菌都向我飞来。教授肯定很久都没刷牙了！

说实话，这也太糟糕了。我并不觉得自己有口臭！然而神奇的事实告诉我们：每个人的呼吸中都夹杂了从嘴里来的数百种细菌。当然，我实在是记不起来加杰特什么时候跑到了我的手指头上……

教授的手指甲仔细看并不是很健康。它们非常粗糙，就像是老树的皮，而且它的末端是参差不齐的，我想这肯定是因为教授很喜欢啃手指甲造成的，我的猜测是正确的。

带着无助的恐惧感，加杰特眼看着教授的手指头插到了他巨大的嘴里。教授的牙齿看起来就像是巨大的黄色的山崖，在牙齿的缝隙中到处都有小小的细菌在那里扎巢。牙齿开始向前和向后工作，在这个咀嚼的动作中指甲也是弯曲的了。

这个咀嚼的过程变得很恶心。在那个时刻，我觉得待在哪里都可以，就是不要待在这里。好了，可能也不是任何地方都比口腔里好——我将给教授的肠子一个吻了。同时，教授正在啃他的手指甲呢！

实际上，指甲是由角蛋白构成的，通过电子显微镜，我们可以看到角蛋白看上去就像是一根绳子，绳子周围缠着细小的化学物质。这种结构使它不容易被撕破，这就是为什么我的指甲会弯曲但是并不会断。

这个时候，不夸张地讲，加杰特正在教授的鼻子上。手指头看上去并不是个安全的地方，所以他决定爬上一根很粗的绳子。结果这根绳子竟然是教授的一根鼻毛，鼻毛的四周还包着已经干了的鼻涕。感觉着自己的渺小，加杰特摆荡到了教授潮湿而又多风的鼻孔里，随后他爬到了教授脸颊上更高的地方。

教授和我真正的面对面了，可是他却依然看不到我。最糟糕的是，他的皮肤正在蠕动。它流出滑滑的圆圆的细菌，这些细菌都是藏在皮肤上小小的褶皱中的。我意识到，如果再逗留的话，我也会被埋在这些褶皱中，于是我觉得这一切已经足够了，我想离开这里，但是我又不知道怎样才能逃走……

我根本就不知道加杰特会在我脸上。有意思的是，在人的面部和鼻子上，生活着200多万个细菌，同时有7200万个细菌生活在额头上的油脂里。当然，这并不是我数出来的……但是，也许加杰特肯做一番调查。

嗨，我几乎是从布鲁克林桥上做了一个蹦极跳！教授仍然没有看到我，但是别的东西却看到了我。这东西的身体像是个装了盔甲的汽车，8条腿，一张几乎可以使军舰沉没的脸。它走得并不快，但是我突然感觉自己就像鸡饲料。然而这只虫子并没有太烦人——它只是吃了些像是蠕虫样的东西，这些东西正在教授脸上蠕动。于是我说：“你是受欢迎的朋友！”

这真是难以置信！加杰特竟然这样形容一只蜱螨！这些生物不足50微米长，大部分都生活在人的眼睫毛和眉毛上。它们对人没有什么害处，会通过人们相互使用毛巾在人群中传播，所以说每一个家庭都应该有自己独特的蜱螨家庭。

不过对加杰特来说，事情好像变得越来越糟。当教授犹豫着下一步应该怎么办时，他皱了皱眉头。他决定继续在地板上搜寻，但是他不知道自己已经闯了祸：他的皮肤皱了一下，这种褶皱就像是地震引起的地表的褶皱一样，导致皮肤上的一些小块东西掉了下来，并且滑到了空气中——这是一个因皱眉引起的非常正常的事情，然而却令加杰特先生再一次感到一种无助的下落。这次，他抓住了一块看上去很像玉米片的东西，总算救了自己一命，而事实上他抓住的是一块皮屑……

我又飞了一次，这一次我觉得自己会摔成番茄酱，整个房间都在旋转，但是我很幸运……

加杰特在一块专门用于显微镜观察的玻璃片上着陆了，而这里正是他开始这次冒险之旅的地方。随后很快，一张熟悉的脸通过显微镜看到了他……

我在地上发现了一只有趣的虱子的卵，所以我打算更仔细地看看它。想想吧，当我在显微镜下发现加杰特时是多么的惊讶！他好像正在等着我，但是看起来他并不高兴……

如果只是为了看看人体的细节，你不敢幻想自己变得像加杰特先生这么小，那么你可以用显微镜来看。外科医生就一直在用显微镜，所以有时候我们管这种方式叫作显微外科技术。这种技术可以使从身体上掉下的一小部分再次被接到身体上，一般用于医治一些外伤导致的身体损伤。嘿，你敢想象用显微外科技术来医治外伤吗？下面的小测试将“一针一针”地告诉你！

你能成为一个显微外科医生吗

正当你的老师在课上教你们怎么使用显微镜专用切片机的时候，非常不幸的事情发生了：他切下了自己的小指头。更不幸的是，你是唯一能够救他的人——但是你必须正确地回答下面的问题……

1. 你快速地准备了手术教室。为什么你会需要一个摄影机和一个连接着显微镜的监视器呢?

a)这样你就可以制作一盘录像带作为纪念品送给你的朋友了。

b)这样你就能看到自己都干了什么,不用总是通过显微镜来观察。

c)这样其他的医生也可以看见你的操作过程并且给你一些建议了。

2. 好了,你已经为手术做好了准备,但是你打算怎样接好这只断指呢?

a)用超级胶水。

b)用很小的针把它缝上去。

c)把它放在一个特制的绷带上,这样使它保持合适的位置,然后等两周,让手指再次长到手上。

3. 你怎么把细小的血管连接起来?

a)它们太小了,没有必要为了缝它们而费心。

b)使断端的血融化,然后把末端焊缝在一起。

c)用很小的订书机。

4. 当你做完手术后，你会非常希望血液能流进你老师的小指内。如果血液凝结或者不能流动了，手指内的细胞就会死掉，然后腐烂掉，最后脱落下来。那么，你该怎样保证血液的流动呢？

a）把你的老师倒着吊起来，让他的手指向下。

b）拿一个大的处于饥饿状态的水蛭，让它吸走小指内的淤血，这样就可以让更多的血流进去。

c）按摩手指，这样可以保证血液的流通。

答案

所有全都选b）。

1. 有时候外科医生会需要一种特殊的显微镜，这种显微镜有多个目镜，这样所有的人都能看到手术的进程，而不会导致医生间彼此的拥挤或是轮流观察。

答案

2. 诀窍在于用一根很小的针、只有0.2毫米粗的线把所有切断的神经、血管以及一些肉重新缝合。这一切都做好了吗？好的，还要继续呢！

3. 电子探针用于这项精细的工作。

4. 是真的。水蛭经常被用于显微手术之后，因为它们能吐出一种物质，该物质能够使血液停止凝结，并且保证血液的流动。

你的分数说明了什么

0~1 你是个危险人物，应该让你待在距离手术教室50千米以外的地方，否则你可怜的老师可能需要再做一次手术，来治疗这次的伤害。

2~3 好的，但是我仍然有些担忧，你可能会把你老师的手指头缝到另一只手上。

4 你可以做手术了。

健康警告

你没打算在你的兄弟或是姐妹身上练习这样的显微手术吧？如果有，请立刻放下那把手术刀！

就在外科大夫们正忙于拯救老师的手指头时，另一群科学家正聚在一起看他们的显微镜，仔细观察人体呢！他们是谁？他们要干什么？好的，我很想现在就告诉你，但是我却不能……答案就在下一章里！

神秘的细胞

身体中最神奇的东西就是你贴近了才能看到的东西。当我们贴近了观察人体的时候，会看到一幅令人惊奇的景象，充满了山峰和森林——哦，是的，它们其实就是鸡皮疙瘩和毛发——但是更加靠近地看，你能看到更令人感到不可思议的东西——细胞。

你还记得细胞吗？罗伯特·胡克在第52页发现了它们。好了，现在该看看动物的细胞了，尤其要看看人的细胞。下面的内容是非常重要的……

显微镜下的怪物档案

名称： 细胞

基本特点： 1. 植物细胞有很结实的细胞壁和“储物仓”——学名叫液泡，这都是动物细胞没有的。来看看这意味着什么……

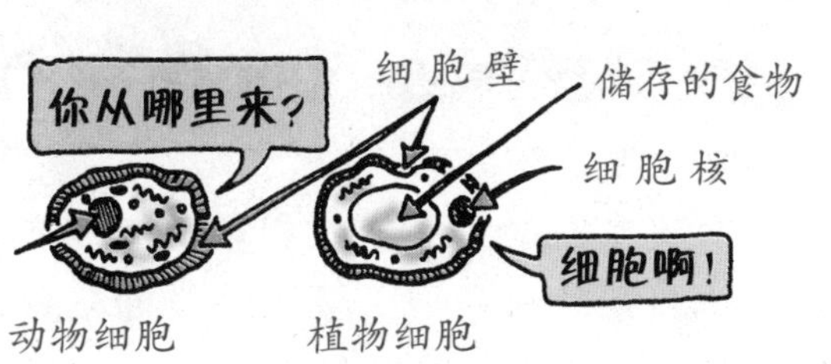

2. 你的身体是由上万亿个细胞一起工作构成的。你很快就会发现：有些细胞是有自己特殊的工作的。

难以置信的细节：

1. 每天的每一分钟你都会有百万个细胞死去……

然而又有更多的百万个细胞产生。

2. 你嘴里的细胞只能活几天，随后它们就会变成碎片混到你的唾液中，然后你把它们吞下，吃掉它们。所以说，实际上你吃了自己身体的一小部分。如果吃得太多，你可能会让自己倒胃！其他的细胞能活得久些，比如说肝细胞能活5年。

但是当你知道了细胞的真相时，它们才真正变得令人惊奇！每个细胞就像是一个小工厂——事实上，它太像一个工厂了，所以你可以认为它就是一个工厂。我们可以请工厂的老板兼首席执行长官迪克·泰特带我们逛一逛……

细胞工厂的向导

欢迎来到我们的工厂。我们可以制造所有身体需要的东西，主要是一种叫作蛋白质的化合物。我们的制度是24小时轮班制，没有休息时间，我们为此感到自豪！在这里我们也不会有任何的松懈！

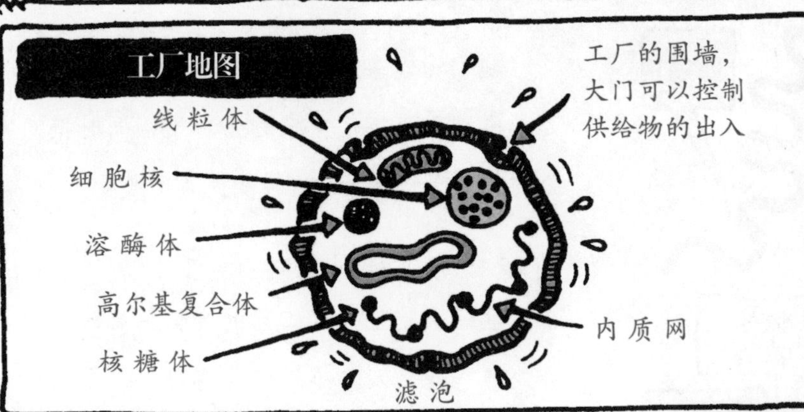

第一站，我的办公室——被称作“细胞核”。这是DNA电脑，它可以给工地上那些懒惰的工人们发送命令。

线粒体发电站

在细胞工厂内我们自己发电。别问我这是怎么做的——我只是一个老板！这都是用葡萄糖和氧气做的，它们的最终产物是ATP（这是一种能量化合物，当它断裂的时候就能释放能量，而这些能量正是细胞所需要的）。

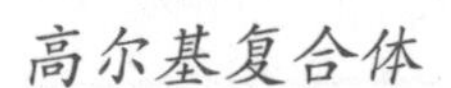

高尔基复合体

这是我们的蛋白质储存室。

核糖体

这是真正的生产车间，这里的工人们生产出所有细胞生长所需的蛋白质。多么好的工人啊！但是我们是不会给他们涨工资的！

科学注释

ATP是一种叫作三磷酸腺苷的化合物，如果你能在自然科学课上说这个名称，肯定能让你的老师大吃一惊，从而使他认为你是个极优秀的学生。

内质网

我们为这条地下的铁路感到骄傲。它能高效率地运走工厂生产的蛋白质，同时把产量的损耗降到最低，这样就提高了产量。

消耗车间废物的溶酶体

我们在这里处理工厂的废料，有时候还会处理一些工人。不过请不用担心，它们在酸中溶解，真的不会有任何痛苦。

管理策略

当工厂变得很大的时候，我们就把它分成两部分，形成两个新的企业。这是个大工程，因为我们不得不将工厂中所用的东西都复制一遍，这些东西包括细胞核和DNA电脑，但是因为有两倍的产出，所以这是值得的。

你肯定不知道！

如果你鼻尖上某个细胞的核与你家附近的公园一样大的话，那么按照这个比例构成水的原子仍然比一张邮票要小，这时你的头就和地球一样大！你知道谁有这样的大脑袋吗？

现在，你不想在细胞工厂里工作了吧？当然，如果你想在这里找点事情做的话，迪克·泰特会在身体的细胞里给你推荐几个有趣的工作机会。

人体内的就业信息

招聘！

你是一个喜欢冒险的细胞吗？

来这里，在肺里作为一个巨噬细胞来工作吧！

你的任务包括抓住细菌并且吃掉它们。这个工作能够给你提供免费的午餐！并且你还可以在身体里到处旅游……甚至到可怕的大鼻涕里转一圈！

你是个懒汉吗？你喜欢闲逛吗？

那么你就当一个脂肪细胞吧！

它带着一包油乎乎的脂肪，当身体需要的时候它就释放能量，这就是它的工作。当然你可以选择一个生活的区域：肥大的胃还是鼓鼓的屁股？所有多余的食物都由你来吃掉！

你是个懒骨头吗？

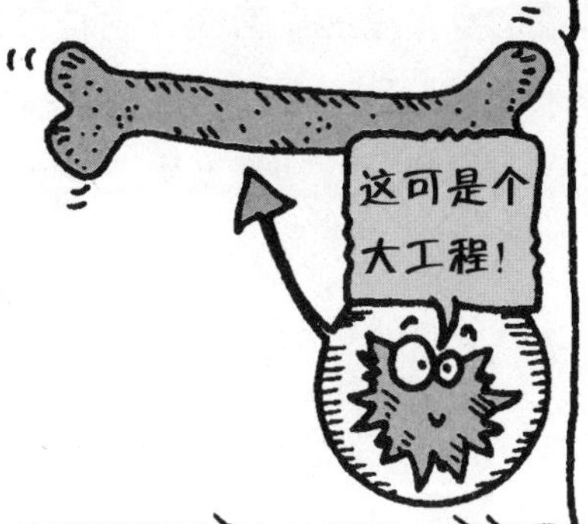

好的，那就别申请这个工作！我们是勤劳的造骨细胞，我们用化学元素钙来制造骨头。这是一项技术性很强的工作，每根骨头都是那么的伟大！

侦察细胞的科学家

科学家用了很长的时间才认识到细胞对于生物来说是多么的

重要。第一个发现生物和细胞间关系的人，就是德国的科学家希尔多·施旺（1810—1882）。年轻的希尔多是一个顽皮的好孩子，他在学校里的表现非常出众，他善待自己认识的每一个人。当他长大后，他成为了一名科学家，他发现酵母能把糖变成酒精饮料。他还仔细研究了很多动物，发现所有的动物都是由细胞构成的。不幸的是，希尔多关于酵母的观点并不为人接受，还被那些充满忌妒心的竞争对手攻击，这使他感到非常沮丧，所以他放弃了这方面大部分的工作。

由于染色技术的进步，科学家们逐渐发现了身体内不同类型的细胞。但是有一类细胞最让他们不能理解——神经细胞。神经就像是我们身体里的电话线，它负责把信息传回大脑同时把大脑的指令发出来——但是这个过程在显微镜下却很难观察到。

后来这一切都发生了变化……

名人画廊

圣地亚哥·雷蒙（1852—1934）国籍：西班牙

年轻的圣地亚哥是一个感性的小伙子，他对艺术很有兴趣，并且希望自己能够成为一名艺术家。可他的爸爸并不是一个感性的人，对艺术也没什么兴趣，他只希望自己的孩子像他一样成为一名医生。但是这个小伙子很叛逆，他从学校逃跑了。你可别跟他学——你不可能逃避现实。

圣地亚哥出逃并没有成功，作为对他的惩罚，他被送到一个鞋店工作（这种惩罚一定给他一种可怕的感觉）。后来他觉得学医至少要比在鞋店工作好，所以他就和他的父亲一起研究医学。但是他们遇到了一个难题——由于骨骼标本的缺乏，使他们很难研究骨骼，而家里又很穷，买不起一副骨骼。

他们是怎么解决难题的呢？

a）制造一些鞋，用赚来的钱买骨头。

b）把人杀了，研究他们的骨骼。

c）把附近教堂坟墓里的骨头挖出来。

答案

c）这是严重的犯罪行为，所以他们不得不在深夜这么做。如果当地的牧师发现的话，会把父子两个都抓起来的。

在专心研究医学知识以后，圣地亚哥的父亲成为了一名教授；圣地亚哥在军队里的医疗服务机构待了一段时间后，便在父亲所在的大学里继续研究。1880年，圣地亚哥真正进入了显微镜的世界，但是他遇到了一个难题。下面是他的日记，里面记载了他遇到的一些难题……

1888年1月

这些神经已经能和我的神经和睦相处了。我正在试图研究它们，但是它们是混在一起的，我无法看到它们的起点和终点。别的科学家推测它们是很长的纤维，像是绳子，但是很难用事实证明。我已经快要混乱了！我觉得自己像是一团乱七八糟的神经！

1888年2月

我听说过一个意大利科学家的新发现，这个科学家叫卡米尔·高尔基*。他在医院的厨房里把一些化学物质混在一起，用这些混合物能够很清楚地把神经染色。这种方法主要是靠硝酸银来显色的。嗯，我觉得冲洗照片的化学物质就是这东西。这可是个令人兴奋的进步，但是其他的科学家却觉得这个发明没有用。

★ 是的，这个人确实和高尔基复合体有关系——正是他发现了这种复合体！

1888年3月

真是太绝了！这种染色的方法很难控制，因为药品很难混匀，而且用量上也很难掌握。但是我却做到了！猜猜我有什么收获？我能清楚地看见每一根神经纤维！起初我担心这种方法是否真的好用，但是现在我已经能够看到一个神经细胞所有的纤维网络了。我真是迫不及待地希望全世界的人都知道！

我不能相信，我已经把我的发现以及相应的说明

神经都在颤抖

发给了一家科学杂志，但是他们并没有把我的东西发表！如果别人也有了同样的发现，首先拿到了荣誉怎么办？

1888年5月

我知道我该怎么办了。我要出版自己的杂志！这份杂志里全是我写的充满魅力的文章，我是多么的聪明啊！我还可以发表一些我的新发现！这么做可能需要很大的花销，但是我坚信我的妻子和孩子缺点吃的东西也不会有什么影响……

圣地亚哥出版的杂志是西班牙语的，而大部分外国的科学家都不懂西班牙语，但是最终关于这个伟大发现的新闻还是被传开了。圣地亚哥一下子就出名了，并且在1906年，他和高尔基一起获得了诺贝尔奖。但是他俩依然为神经争论，因为高尔基坚持认为神经只是纤维。

提醒你一下，只看死了的神经细胞，其恐怖程度不及看活细胞的一半。在下一章中你将看到活的细胞，它们才是显微镜下能看到的最恶心、最丑陋的东西！不幸的是，这些小怪物们成天都和你共享着你的房子，哦，不，在这里我不是在说你的小弟弟和小妹妹！

如果继续看下一章，你的神经能撑得住吗？

藏在你家里的恐怖

本章主要介绍那些在你家里出没和偷偷藏在你饭里的显微镜下的怪物们。这么说来，你的家是否还安全呢？你最好读下去，从中你会找到答案！

好了，有一件事情是可以确定的：现在的情况要比过去好一些。大约是400年以前，一个客人被他所住的客房的条件所震惊。著名的作家伊拉兹马斯俯视着，然后他看到了：

在过去，每所房子一般都很脏，并且每栋房子几乎都是微生物的天堂（希望你的房子能干净些）。不过，即使在今天，无论一间房子看上去有多干净，在显微镜下看依然十分恐怖！

看看下文吧！

你家中的五大恐怖

1. 在你的房间里，每0.03立方米的空气中就飘浮着大约300 000个小颗粒，有的是灰尘，有的是死皮，有的是灰烬，有的是橡胶。你每时每刻都在呼吸着这些东西，幸运的是大部分颗粒都被粘在了你神奇的充满黏液的喉咙上。

2. 你养猫吗？如果你养猫，当它舔它自己的毛时，它喷出的唾液小球就会释放到看不到的空气中。经过几个小时的梳理，你的猫就能够制造出几十亿个唾液小球，它们全都在空气中飞舞，被喷洒在房间的各个表面上。

3. 如果你养狗的话，那你的房间里就会到处都是狗毛。在春天，狗开始换毛，这时就会有更多的狗毛，你可能会看到两种不同类型的狗毛：普通的毛和比较长的毛。长一些的毛有保护其他的毛的作用，可以使皮肤周围的暖空气不会散走。哦，几乎忘了——还会有小狗的皮屑粘在这些毛上。

4. 这还不是最糟糕的，如果你真的很倒霉的话，你的狗身上可能还会有虱子。在狗毛上还会有虱子的卵，以及很多小小的生物，它们只有1.5毫米长，长得很像跳蚤。这些生物天天都希望能够探索你的家，并且在你的家里结交新朋友。

5. 在你的地毯底下，你可能会发现一些“毛毛熊”。可别误会，它们可不是在北美森林里闲逛的大灰熊——它们是可怕的金龟子的幼虫，这些小虫子在你的地毯下，欢快地啃食着食物。它们最爱吃猫毛、狗毛甚至是人的头发——好了，地毯是它们的早餐，而中餐和晚餐可能会更加乏味一些。提醒你一点，即使你的父母发现它们，它们也会继续啃地毯的。

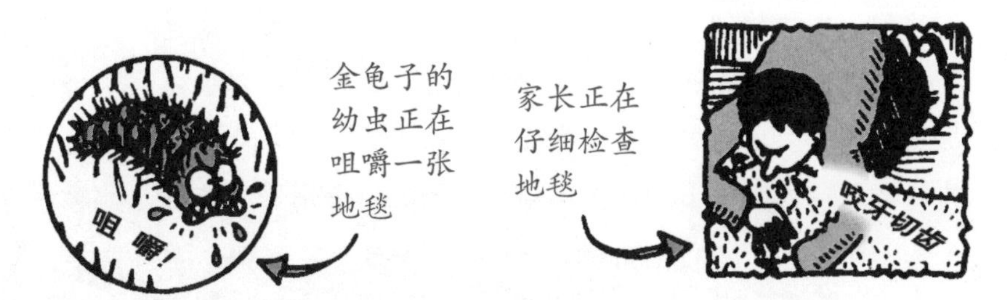

但是这还不算什么，在你的地毯里还会有其他更恐怖的东西潜藏着……

神奇的显微镜

现在是转换到显微镜上的时候了，看一看吸尘器袋里的这撮灰尘。看一看下面的圆圈，继续，你会知道你想要……

•

是的，继续读下去——如果你有这个胆量的话！

放大了7000倍的灰尘

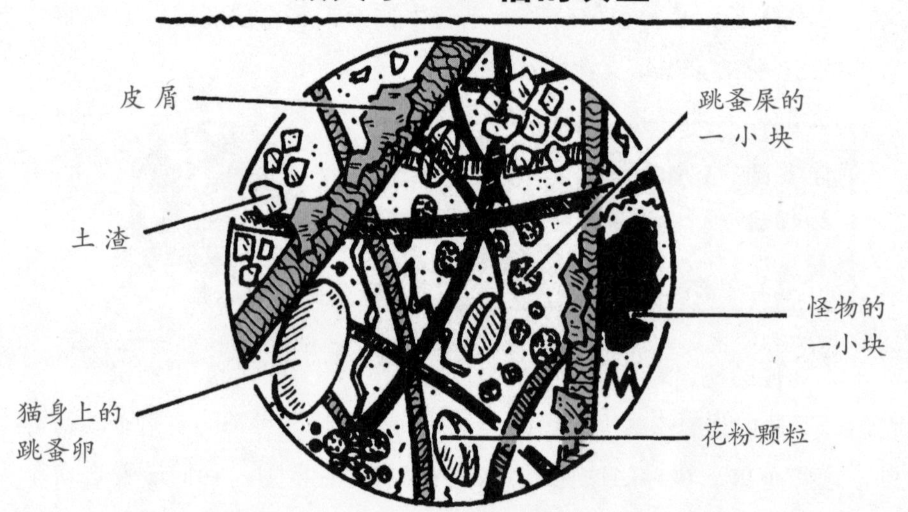

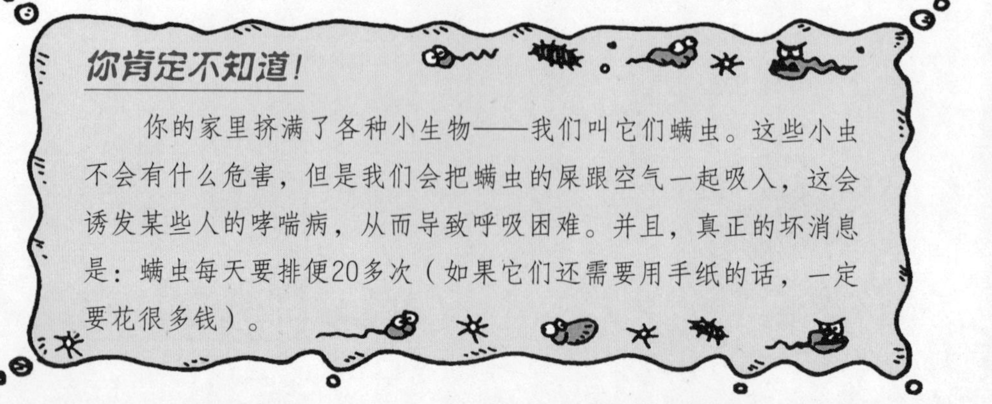

你肯定不知道！

你的家里挤满了各种小生物——我们叫它们螨虫。这些小虫不会有什么危害，但是我们会把螨虫的屎跟空气一起吸入，这会诱发某些人的哮喘病，从而导致呼吸困难。并且，真正的坏消息是：螨虫每天要排便20多次（如果它们还需要用手纸的话，一定要花很多钱）。

你能成为科学家吗

1973年，物理学家罗伯特·海德克博士在关岛发现了一件古怪的事情——岛上的居民大批发生沙门氏菌食物中毒。人们对这起严重的食物中毒事件众说纷纭，但真正的原因是什么呢？岛上的居民一直吃着和平常一样的食物——这些食物一般都是用罐头运到岛上的，都应该是无菌包装的啊。那么，细菌又是怎么跑到食物里去的呢？最后，海德克博士给我们揭示了真相。

但是真相到底是什么呢？

a）人们上厕所后都不洗手，当他们做饭的时候，细菌依然残留在了他们的手上。

b） 由于猫经常跳到餐桌上并且把口水留在了食物上，所以就把细菌弄到了食物上。

c）吸尘器吸走了灰尘，同时又把它们喷洒得到处都是。

答案

c）是的——我要非常遗憾地说，当你用吸尘器清扫地板的时候，一些非常小的东西比如细菌也被吸了进去，但是它们太小了，所以它们能够穿过集尘袋，透过滤膜，通过吸尘管道跑出来，然后喷得你满身都是。更糟糕的是，在这些细菌中还有一大团螨虫，也就是那些待在地毯里的螨虫。同时，所有被吸进去的螨虫幼崽会滞留在集尘袋中，在那里欢快地享受着大量美味的死皮。

健康警告

你为什么说吸尘器讨厌呢？它帮了你很多忙，对吧？它也没有杀了你，是吧？好了，你的身体是可以把细菌打败的，而且螨虫也经常是被阻挡在你鼻子里和嗓子里的黏液上的，所以没有理由拒绝吸尘器的帮助啊！

你肯定不知道！

继续拿着这本书，坐下来，做一个深呼吸。现在，你准备好了吗？我有一条坏消息要告诉你——你已经知道这些令人讨厌的螨虫一半都在地毯里，是吧？好的，它们并不只在地毯里。还有一些在你的床上，你的枕头里，而且还有更坏的消息……你最好接着读下去！

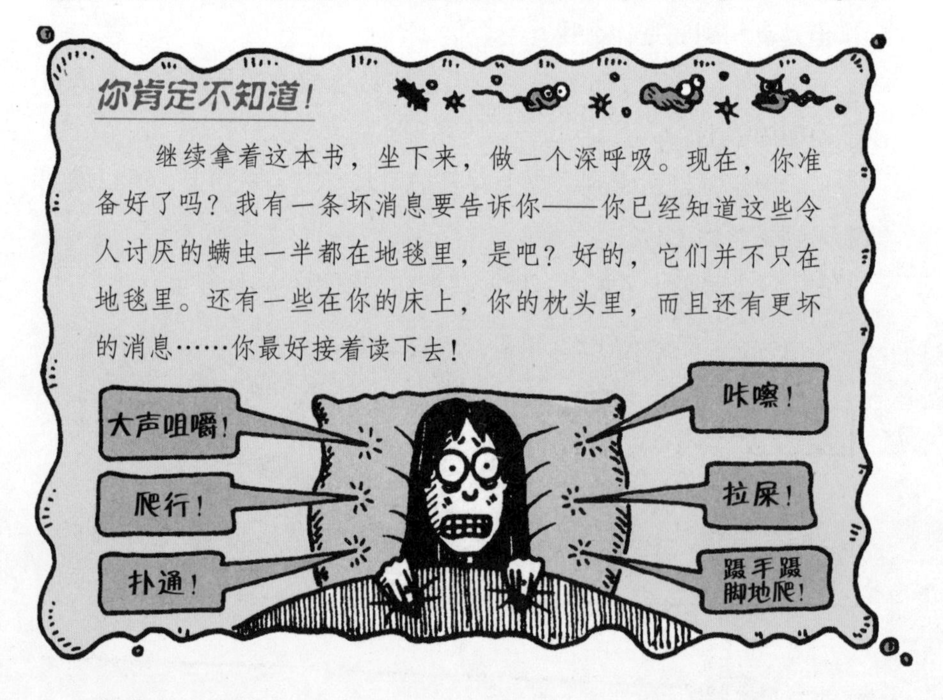

给你一个快捷注释：

还记得我是怎么说细菌的吗？我说过，细菌已经和人类相处了很久。别害怕！螨虫也已经和人类生活了很多年，自从我们的老祖先还住在山洞里的时候，螨虫就已经和人类居住在一起了，当时人们联合在一起只是为了更有利地对付猛犸，而不是螨虫，那些螨虫从来就没有给我们带来什么害处！

让我们幻想一只螨虫给它在地毯上的朋友写信。好了，我知道这只螨虫很傻——毕竟我们希望如今它们也能用上手机……

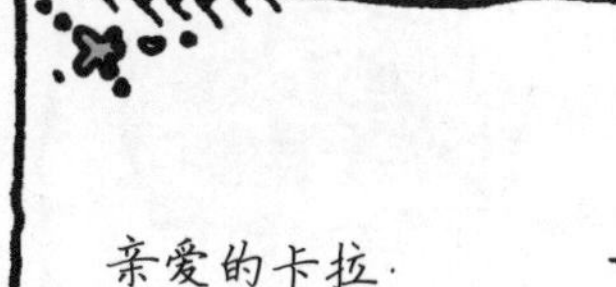

亲爱的卡拉：

这是来自枕头之乡的问候！在这里生活很轻松，事情都很顺利。只有一个问题：每天晚上总会有一个大个子的人一直和我们躺在床上，而且他还打呼噜！要知道：晚上的时光是多么的重要啊！在这里，我们共有40 000个之多，而且我还要对所有的螨虫负责任！你那里怎么样了？

皮拉

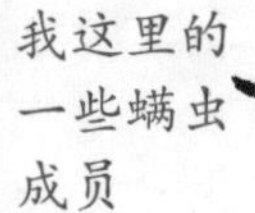

亲爱的卡拉：

正如我以前说的，这真的是很了不起——我和家里所有的人待在一起，包括祖母和曾祖母。现在曾祖母的母亲已经过世了，但是每次在我要上厕所的时候，我都能看到她腐烂的身体。另外，这里有大量的食物！

实际上，我已经说过那些食物都是从人的身上掉下来的。人类把死皮、油脂和干了的口水这些好吃的东西留给了我们。他们是不是很慷慨？甚至人类经常为我们保暖，所以不要再抱怨什么了！

请速回信！

皮拉

亲爱的卡拉：

多么可怕的一天啊！但是它还是开始了：家里的那只猫睡在了枕头上，留下了好吃的干了的口水作为我们的早餐！那有趣的鱼味与平常吃的死皮味道大不一样！然而我的屁股放了一些气体（但是它不是屁，而是一种化学信号，这种化学信号可以召唤家里其他的成员过来吃东西）。随后，我就看到了一个巨大的下巴……

放屁！

一只大虫子！我不得不告诉你，这些虫子都对我们小小的螨虫做了什么！它追了我一阵，可是我跑掉了！但是它抓住了我的小妹妹，并且把她给吞吃了！过去我常常会和我的小妹妹争论，可是现在它却被怪物给吞食了！好了，如果我待在自己的床上都不安全的话，那我待在哪里才能安全呢？我已经爬到了人类的内衣里，而当人们穿上内衣的时候，我就掉了下来，只能另寻出路了！

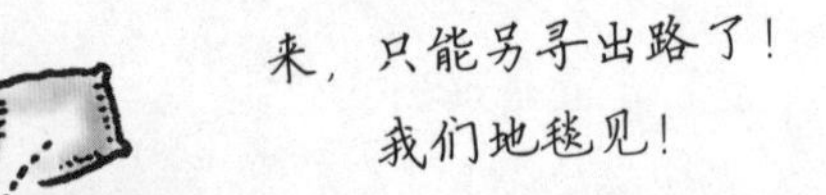

我们地毯见！

你的螨虫，皮拉

健康警告

枕头上的螨虫不会对你有任何的害处，如果你因此不敢上床睡觉，你也许只能用木头制成的枕头了。噢，是的，你将会睡得像个圆木头！

提醒你一句，你家里的螨虫的数量可能超出你的想象！下面列举了一些关于螨虫的天文数字……只要你看看下面的图：

而且还不止这些——在你的家里充满了细菌，这不是件新鲜事。它们从你的家具里爬出来，啧啧地在你的壁纸里大吃大喝，而且在厨房里，它们正流着口水，趴在你的食物上。你还想吃东西吗？

一个优秀的微生物食物向导

作者：麦克·罗博

你好，微小的朋友们！小吃是我们细菌的最爱！但是我们所有的细菌正在承受着正餐时的小灾难！我将永远无法忘记我尝到消毒剂时候的感觉！无论如何，以下是我们的黏土小组做出的饮食向导，你可以从中发现吃东西最明智的也是最便宜的地方，这可都是由我们小组的侦察员探察出来的！

众所周知，安全是非常重要的。每年都有上亿个细菌经受着致命的打击，而这些事故本来通过一些小小的安全常识就能避免的，只要在你出去吃饭的时候注意一下就可以的。

1. 漂白剂 赶快跑上1000米，离开这危险的地方——如果你跑不了1000米，那至少应该能蠕动几毫米吧，否则漂白剂会立刻杀了你！

2. 盐 别吃太多的盐。吃了太多的盐之后，你会发现你的身体会吸水，这样才能把你吃的盐给稀释，而太多的水会把你撑爆的！

经典的餐馆！所有细菌美食家都应该知道，这个餐馆的菜种类多，外加一些传统的风味，比如“猫粮和凉的乡村风味碎土豆派”，再比如说“爸爸再一次做砸的饭”，还有全天都供应的美餐“昨夜的剩咖喱饭”。如果想吃布丁的话，为什么不试一试滑溜溜的酸奶渣呢？（特别推荐！）

一个便宜而且充满快乐的水洞，这个水洞充满了臭气，在这里你会因周围的环境而完全放松，并且享受一顿一顿丰盛的大餐，包括发霉的面包渣、充满油脂的汤。

事实证明，美味的煮熟了的肉和蔬菜撒上一些盐会更有助于消化（但是不要太多，否则会破坏原有的味道）。这里提供既美味又诱人的上等美食，比如说“新鲜的真菌和螨虫屎布丁”。一个饭店里坐满了用餐的细菌并不奇怪！特别推荐这家饭店！

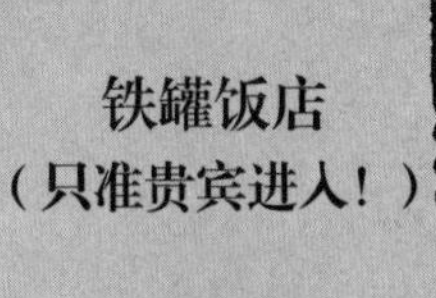

没有细菌能够被获准通过坚实的金属墙！铁墙里的环境是非常严酷的，完全没有空气！实际上，我们发现还是有些细菌在那里吃东西，有时候它们会破坏那个地方，并且把那里弄得臭臭的。

科学注释

这些细菌是不需要氧气就能生活的。

在这种东西里的化学物质是非常难煮的那种，它使我们闻到了不被欢迎的味道。我们侦察小组的一个成员在那里遭到了恶劣的待遇：她被溶解了！最好别去那里！

科学注释

鸡蛋中含的化学物质可以溶解细菌。

我担心这是另一个我们不能光顾的饭馆。尽管在菜单上有美味的脂肪，这些食物都太冷了，我最终会感觉自己被冻僵了。

现在，你已经吃过饭，把你老师的午餐给破坏了，怎么样？

健康警告

这么做可能并不是很英明。如果你因为这么做而被开除了，可别怪我，好吗？

可怕的科学向导

*第一步：*确保你和你的老师坐在同一张桌子上。下面这些关于小卖部的事实会使你遇到更大的麻烦。

*第二步：*在吃饭的时候，确保你在餐桌上得体的礼仪是非常重要的。

*不该做的事情：*不要抠你的鼻子。咀嚼东西的时候不要张着你的嘴或者是让你的嘴唇发出声音。不要打嗝，不要拿你的袖子去擦你沾满油的嘴……祝你好运！

你指的是土豆泥吗？在显微镜下你会看到用水煮的土豆爆开的样子：就像是小盒子一样的细胞一个个全都破裂了。这更容易使细菌吃到土豆，这里主要指的是那些会爬的细菌！

这个玻璃杯被正确地洗过吗？如果不是，那么杯子上就会有小的变形虫，这些小虫是由最后一个用过这个杯子的人的嘴唇留下来的。如果你用这个杯子喝水的话，会有变形虫爬到你的嘴里，并且在你的嘴里快乐地生活！

你肯定不知道！

如果你用高倍显微镜看牛奶的话，它肯定不是白色的！牛奶的白色主要来自一种叫酪蛋白的化学物质，酪蛋白里富含蛋白质，它能够反射光线，所以使牛奶看上去是白颜色的。但是牛奶中其他的液体是水，在水中含有黄色的脂肪滴、一些很小的化学物质和矿物质。希望你能喝到一整杯牛奶！

捉弄一下你的老师

再试一试这个，你受欢迎的程度可能就像是木器加工厂里的蛀木虫一样……所以别忘了脸上要带着微笑！

用你的拳头去敲教师办公室的门，当门打开的时候，你的老师手里肯定会端着一杯茶。你可以问他们：

答案

当你烧水的时候，水里面肯定会有细菌。它们可能是通过空气进入你的水壶的，也有可能本来在水里就有。当水渐渐变热，细菌就会觉得非常暖和、舒适，但是随着水越来越热，过高的水温就会使它们的头发被烫坏，随后它们细小的身体也会熔化。即使对于细菌来说，这也是一个非常残酷的命运。你老师的肚子怎么能喝进去带有被谋杀了的细菌尸体的茶呢？

提醒你，如果这个关于小细菌的谈话使你忍不住要去厕所的话，那我还有一个更糟糕的消息告诉你：细菌在你之前就已经到达了你的卫生间，你将遭遇“终级恐怖”！

勇敢地面对下面的内容吧！

在你的厕所里隐藏的恐怖！

厕所中的恐怖

如果细菌粘到了你的皮肤上或者你的鼻子上或者是你身上的任何地方，你该怎么办？

a）把你鼻子上的脏东西抠下来。

b）让别人帮你把你鼻子上的脏东西抠下来。

c）把细菌洗掉。

显微镜下的怪物档案

名字：洗涤物和细菌

1. 大部分人认为肥皂就可以把细菌杀死，但是事实上这是错误的。一般来说，肥皂不能把细菌杀死，但是它能把细菌送到别的地方去——下水道。下面会告诉你这是怎么回事……

2. 如果用水洗你的手的话，将不会把细菌洗掉，因为它们粘在皮肤的油脂表面，而水和油是不能互溶的，所以细菌也不会跑到水里。

3. 肥皂的小颗粒（科学家们管它们叫“分子”）是由一个含有钠盐的“头”和一个“尾巴”组成的，“尾巴”由一种叫碳氢化合物的东西构成。

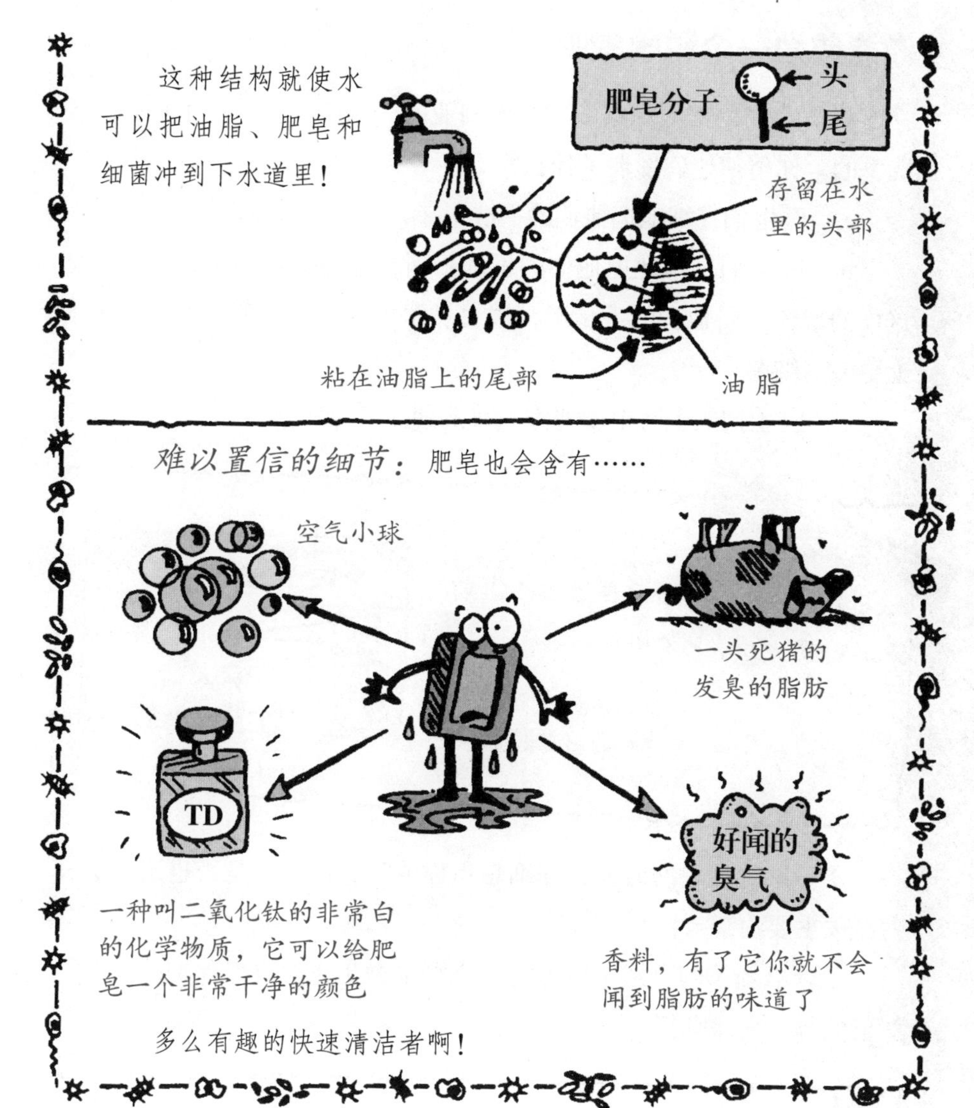

你肯定不知道！

肥皂会在你手上形成气泡，它是肥皂和水一起把空气包裹起来形成的。噢，是的，你注意到了吗？好的，再仔细看看气泡的表面。表面有50微米厚，它比食物上的竹节虫还要薄。实际上，如果不用显微镜的话，它是你能看到的最薄的东西。

你能成为一个科学家吗

科学家们秘密地观察了在澳大利亚的一家医院里，医生们是如何洗手的。你猜猜他们发现了什么？

a）医生们仔细地把他们的手洗干净，不留任何细菌。

b）医生们仔细地把他们的手洗干净，但是随后他们还做了类似这样的事情：啃他们的手指甲，拔去鼻子里的毛，这样做会使手上沾上更多的细菌。

c）医生们的手有很多地方没有洗到。

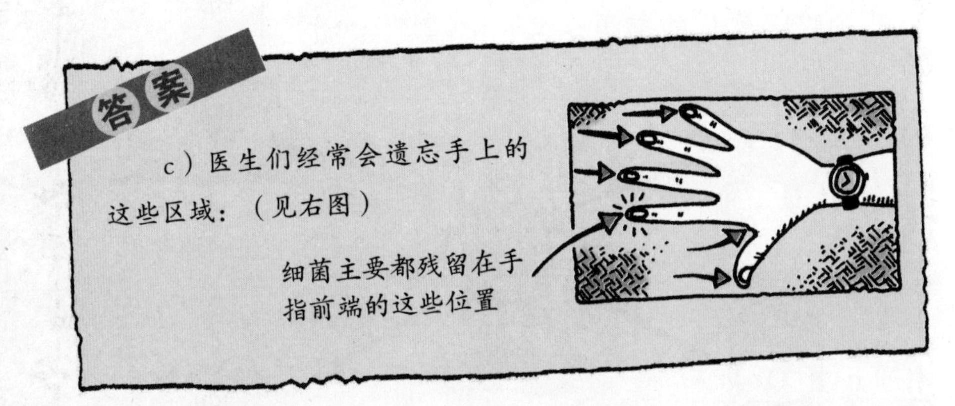

下一次你洗手的时候，仔细想想你该怎么做，你是否也遗忘了一些至关重要的细节？

没什么新鲜的，浴室就像是一个野生微生物的自然保护区。开始我们的神奇之旅吧！

对于所有的家庭来说，这里有许多有意思的东西……事实上，这里有太多有趣的东西，以至于当你想上厕所的时候，你也不能让它们离开你的浴室！

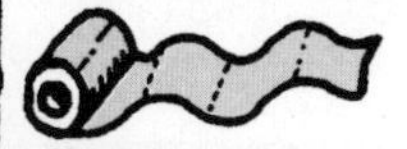

1 探索令人兴奋的黑霉菌森林

你能看到的黑点实际上是产生孢子的东西，这些孢子能够产生更多的黑霉菌，同时在地面以下的黑霉菌可以吃掉你的浴室！

2

进行一次潜水活动，浪漫地潜入外溢的水中：其实这里的细菌比卫生间里其他任何地方的细菌都多！

3 爬到牙刷上

和细菌一块儿在牙刷上爬，如果你很幸运的话，你会看到口腔里的一只变形虫正在吃细菌！

4 在毛巾上为迷路的螨虫探路。

5 门把手是一个很棒的观察细菌的地方，尤其是当一个人大便后，又没有认真洗手的时候。

（每5个门把手上就会有一个门把手上粘着小屎块。）

6 在肥皂上的美餐时间

如果肥皂是湿的话，你有可能看到许多细菌正在开心地吃着肥皂！

7 到水龙头上享受细菌神奇的水龙头舞蹈，在此完美地结束你的旅程。

8 伟大的终曲

在厕所里，冲水马桶的瀑布形成的奇景：正如它雨一样落下来一些小的颗粒，这些小颗粒有水珠、尿液、细菌和小屎块……

气味电影学校

维夫郊区

亲爱的先生：

我想对您的书里关于厕所喷洒细菌和其他污浊物的这一部分提一些意见。看了您的书后，产生了这样的结果：6周内没有人敢在我们学校里冲厕所，而且事情的情形变得令人绝望。

请原谅我把衣服夹夹在鼻子上。这一次您真的出名了！您所说的应该不是真的吧，对吗？

您的反对者，

海德夫人

海德夫人，你好！恐怕我要说：这一切都是真的……

需要承认的是：这些小液滴确实很小，肉眼根本就看不到，它们的直径只有几个微米。但是为了您，海德夫人，我们只为您设计了一个实验来使它们可以被看到。我叫我勇敢的私人侦探MI．加杰特先生来冲这个马桶。

已经用棕色染料把水染色了，如果你把灯关上，这种染料在黑暗中也能发光。提醒你：卫生间已经有数月没打扫过了，所以我们希望水中的棕色只是染料的颜色。我们还组装了一部高速照相机，它有专业的高速过卷功能，可以拍下黑暗中飘飞的液滴……

好的，现在是揭示事实真相的时候了！

致命的厕所爆炸实验

你可以看到一团由10亿个闪烁的小液滴构成的云团，这个云团从厕所的便池里升起，就像是厕所打了一个大喷嚏。一般情况下，由于液滴太小，所以很难看到，这就是为什么当你冲厕所的时候，你看不到它们的原因。

加杰特身上覆盖了一层闪光的物质。

科学的注释

实验室分析表明：这些小液滴富含细菌、病毒、粪便及尿液。让我们祈祷加杰特先生没有看过这条注释吧！

给读者的快捷注释：

吓着了吗？

1. 不要在马桶盖盖上的状态下冲马桶，很明显这样做会使小液滴形成的云团更大，因为云团从盖子底下钻出时会形成更大的压力。

2. 一定要自己冲厕所——千万别诱惑你的小弟弟或是小妹妹给你冲厕所，或者根本就不冲厕所。不要害怕！你的身体是可以战胜细菌的！

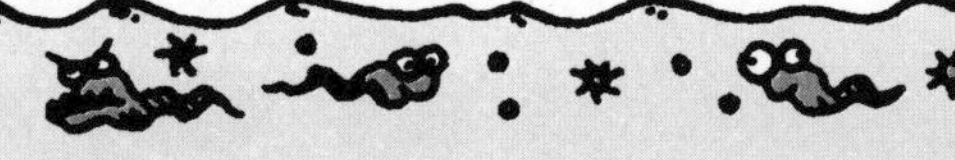

你肯定不知道！

你一定还记得在第5页上说的：纸张是由细小的纤维构成的。是的，厕所里用的手纸是由很松散的纤维制成的，所以纸上有很多的小窟窿。这些小窟窿可以吸水，由于粪便中含有75％的水分，所以细菌很容易隐藏在细小的液滴中，这些液滴会吸到你的手上。当手纸在1857年被发明的时候，它完全是由很坚硬的纸制成的，所以根本就不会有水渗入。问题是这种手纸对于可怜的老人的屁股来说太粗糙了，相比之下，还是现代这种用松散的纤维制成的手纸感觉起来更加松软。

正当我们上厕所的时候——我是指我们正在谈论厕所的这个话题——下面有些事实，你绝对不应该在吃饭的时候大声谈论……

八件你一直都想知道，但是又不敢问的微小的事实……

▶ 公用的小便池（男人小便时用的东西）经常会往鞋上和裤子上喷溅上小便的液珠。这种情况有时候会很尴尬。

▶ 在公用卫生间里，污秽、刺鼻的气味很有可能是氨水。这是一种由细菌产生的化学物质，尿液里含有一种化学物质叫作尿素，当细菌吃了尿液后，就把尿素代谢掉，然后产生氨水。你可能会对氨水的作用非常感兴趣：氨水能够大大促进植物的生长，但是如果婴儿的皮肤接触到了氨水，就会长皮疹。

▶ 在古罗马时代，从小便中形成的氨水被用作牙膏和漱口水。多神奇的漱口水呀！

▶ 美国某些地方厕所的座位上要盖一张一次性的纸，这样可以保护你的臀部不会粘到细菌。实际上，在坐便器的座位上并没有那么多的细菌，这可能是由于人们上厕所时巨大的臀部把它们给压扁了。

▶ 你关心如何节约用纸吗？世界上最干净的厕所之一是一个日本的厕所：把水喷洒到你的屁股上，然后用热空气烘干，这样你就不再需要任何手纸了。它甚至还可以喷洒出香味的东西，这样就可以使你的屁股有了清新的气味！

▶ 如果你真的很关心环境的话，为什么不买一个能积肥的厕所呢？这里有很多款式供选择。有一种荷兰人的发明：当你上厕所的时候，你可以随着摇滚的感觉前后活动（你也可以带上一个收音机，在上厕所时听一听摇滚乐）。在厕所里，摇滚的运动使你的屎与土壤混合在一起。几周之后，粪便中的细菌腐烂形成可爱的肥料，你就可以给花园上肥了！

▶ 屁里很多难闻的气味都是由一些细菌形成的化学物质，这些细菌生活在人体的肠子中。哦，这回你知道了吧？好的，那你知道放屁能杀人吗？西蒙·塔普是维多利亚时期的演艺人员——是的，如果你喜欢的话，它算是一种娱乐表演。他表演的节目叫作“放屁的布莱克·史密斯”，他常常会随着音乐放屁。可悲的是，有一天晚上西蒙的另一个节目“往高吹和往低吹”充分证明了屁能杀人。他的血管爆裂，随后就死于他的屁中，当然我指的是他的艺术。

▶ 1856年的一天晚上，马修·格莱德在他家乡的小镇上厕所，他家住在英格兰的刘易斯小镇上。不幸的是，由于要打扫下面的粪坑，所以厕所的地板被挪走了，马修掉进了深深的粪坑里……他因粪坑中的沼气窒息而死，而这些沼气是生活在腐烂的粪便上的细菌产生的。

当然了，从那天以后，事情开始有所改善。如今，我们的厕所已经不再置于一个充满了粪便的深坑之上（这样孩子也不会再因为淘气而被扔进粪坑），这都因为厕所能和下水道工程连接在一起。当需要除去大东西的时候，微小的细菌就有大工程要干了。

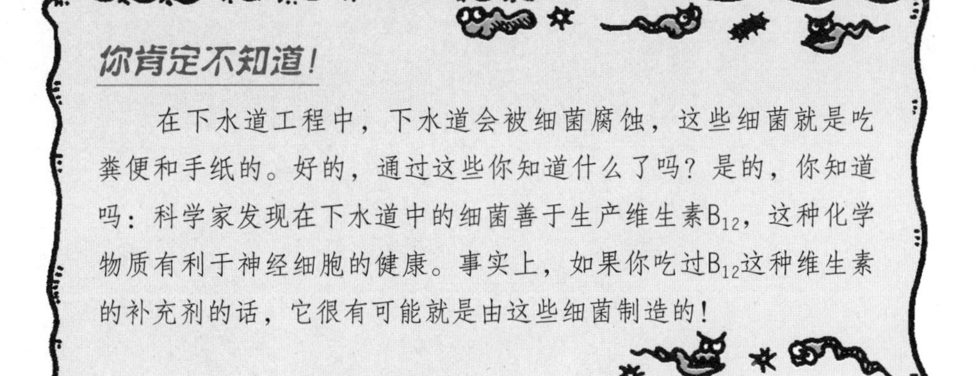

你肯定不知道！

在下水道工程中，下水道会被细菌腐蚀，这些细菌就是吃粪便和手纸的。好的，通过这些你知道什么了吗？是的，你知道吗：科学家发现在下水道中的细菌善于生产维生素B_{12}，这种化学物质有利于神经细胞的健康。事实上，如果你吃过B_{12}这种维生素的补充剂的话，它很有可能就是由这些细菌制造的！

实际上，这只是科学家从显微镜的世界中得出的众多发现之一。但是这些发现都是什么呢？它们要把我们带到哪里去呢？是不是小的东西就一定很美好呢？还是我们正向着特大的怪物灾难前进呢？

现在是离开这一章，开始新的一页的时候了……

尾声：这是一个很小、很小、很小、很小的世界

许多人都容易想到跟“大”有关的事物，比如说：大计划、大想法、挣大钱，所以他们经常用自己的“大头”去完成自己的“大事”。其他考虑到与“小”有关的人，其中包括许多科学家，他们相信：利用显微镜能够掌握通往我们的未来微观世界的小钥匙。

但是这个计划能够实现吗？

好了，唯一能确定的方法就是“去”和“看”，这里指的是到未来世界来一次超时空之旅。如果很幸运能有这么一次未来之旅的话，大N教授已经继续研制他的时空机器了，显然，能检测这部机器的人依然是勇敢的侦探MI.加杰特先生。

哦，好的，也许我们将不得不用动物做实验了。也许我们能哄哄提多，让它来试一试这个实验……

我很想知道显微研究的未来方向。我已经给未来的科学家写了一封信，在信中介绍了提多和戴在它身上的摄像机，这样就可以记载它在2050年的经历了。

亲爱的未来同僚：

请允许我把我的猫介绍给你，它叫提多，我把它送到未来，这样来检测我的时空机器，同时还想记录一下你们那个时代的显微技术。请帮它控制一下摄像机，并且把它送回来。

非常感谢！

大N教授

亲爱的大N教授：

非常感谢你的来信。我们不太会用这个可爱的旧款摄像机，不过，无论怎样，我们最后还是用上了它。

斯玛丽J.B教授

下面，就是提多带回来的录像带：

科学注释

基因技术包括把新的碱基加入到细菌的DNA中，新的基因计划使微生物可以产生任何一种你想要的蛋白质，例如人的生长激素（非常神奇，这种物质可以使人生长）。在以前无法获得足量生长激素的人，现在就可以直接注射生长激素了，而这些生长激素是从尸体中提炼的。好了，现在再回到未来世界吧……

现在，幸好有了基因技术，我们可以用这种技术培育弹性蛋白——正如你所知：这是人体中一种可以伸缩的物质，它主要分布在关节及其他地方。无论怎样，它就像是绷带一样把你的关节连在一起，并且弹性蛋白还能形成新的血管。

收缩！

收缩！

现在，用于太空旅行的基因工程菌正处于生产阶段。这种细菌可以吃掉宇航员的粪便和尿液，并且把这些排泄物转变成美味的小吃，这又可以供宇航员再次使用。真好吃啊！

现在，显微技术已经是个大买卖了。我最喜欢的游戏是微型足球。你可以用纳米操纵器，这是一种超级强大的电子显微镜，它可以虚拟三维图像，这样就能使你感觉像是拿原子当足球踢了！这个游戏很酷的！

提醒你：这种显微操纵器不是玩具，我们用它来制造微型机器！当我外出的时候，我把计算机埋在我的指甲里。这样我就不会担心会把它落在家里，它会通过啃我的指甲来提醒我。

在我的外套里有微型机器，它可以使我的衣服随心所欲地变幻颜色。

亲爱的读者们，非常抱歉你们只能想象我衣服的颜色了。

并且在我的身体里也有微型机器，它可以杀死我体内的细菌！哦，好了，你的猫不喜欢微生物制成的猫粮，所以我把它又送回来了！再见了！

你是不是觉得这一切都难以置信

好的，上面所说的都是事实，因为未来的这一切正在发生！

1. 科学家们已经提出过这样的建议：把绿藻当作是未来的食物资源。

2. 生物技术在20世纪的80年代和90年代得到了很大的发展。在1996年，科学家制造出了可以生产弹性蛋白的细菌。

3. 如今，已经有可能运用基因工程技术制造环保型细菌，这些细菌可以重新利用人类的垃圾，把它们变成食物。

4. 现在真的有显微操纵器啦！这种仪器是在20世纪的90年代末期由美国大学的实验室里研制出来的。

5. 至于微型仪器嘛，它们目前还不存在……然而，科学家已经开始研制了！下面是一些简单的东西，这些东西非常长，足以使我们到达商店……

稍微消遣一下吗？

你需要世界上最小的手表。它每一个齿轮比头发还细！

微小的脚注：你这种手表只能按秒记录，不管怎么样，即使它有指针，你也根本就看不到它们。

有趣的小乐器？

你会用这个很酷的六弦吉他吗？它是康奈尔大学于1996年制造出来的，整个由硅原子构成。这把吉他的大小也就只有人类的细胞那么大。

微小的脚注：你可能不能弹奏你的吉他，因为它比你的手指头还要小无数倍，而且它的弦根本就不能发声。

需要小小的计算器帮助吗？

用原子算盘来解决数学问题！你沿着那些小小的轨道来挪动原子，它就能帮你做加法。即使你的老师意识到你有这种原子算盘，你仍然能得到每一个正确的答案！

微小的脚注：值得庆幸的是，你的老师并没有注意到你在用一个强大的电子显微镜来操纵你的算盘。

好了，这些发明还会有一些小的改进，那么未来的世界真的是充满了“极大的可能性”，还是科学家们只注意微小的东西了呢？好了，无论怎样，毫无疑问这就是未来世界！但是至少你能肯定一件事情：这本书是关于一个可怕的真实世界的，这个真实的世界非常小，你只有用显微镜才能看到它。但是一旦你看过一次以后，你就会感到，你每天看到的这个世界是多么的不一样……

好了，这本《显微镜下的怪物》是专为你而写的！

快来看看

你是不是一个显微镜以及“小怪物”方面的专家！

神奇的显微镜

让我们开始一个快速的小测试吧，看看你对显微镜以及那些使用这些显微镜发现所有关于微观怪物古怪世界的科学家们了解多少。

1. 在显微镜中，一个非常重要的玻璃片叫作什么？

2. 你需要哪种类型的显微镜来识别极小的怪物，如病毒？

3. 被人们放在显微镜下面观察的物体称为什么？

4. 荷兰疯狂的科学家列文虎克掉进他家附近的沼泽湖时，发现了什么样的果冻状的微生物？

5. 通常，科学家们都会把放在显微镜下研究的稀奇生物的尸体先变硬，请问他们是用什么化学物质让尸体变硬的？

6. 罗伯特·胡克在其显微镜下发现了人体中哪种惊人的重要组成成分？

7. 哪种科学使用显微镜解决犯罪问题？

1. 透镜

2. 电子显微镜
3. 标本
4. 阿米巴虫
5. 福尔马林
6. 细胞
7. 法医学

该死的小怪物和可恶的螨类

很多微观怪物的体积都极小，所以能够寄生在你的身体细胞中，但是仍然有一些相对较大（实际上还是很小）的小怪物和螨类可以潜伏在其他地方，从你的床到你的大脑。如果在显微镜下观察它们，你将会对它们的外观感到非常惊讶。

1. 哪一种吸血怪物会引起致命的疟疾？
a）蚊子
b）虱子
c）食虫蝽类

2. 在哪里可以发现蠕形螨（俗称毛囊虫）？

a）在海洋的底部

b）在午餐盒的酸奶罐中

c）在眉毛中

3. 在这些该死的病菌中，哪一种能够钻进你的脚趾之间，致使你的血液中毒？

a）真菌疣

b）恶臭的洞穴

c）恙螨

4. 有一种病菌必须寄生在其他生物的表面或里面才能生存（比如你），请问我们将这种病菌称为什么？

a）原生生物

b）寄生虫

c）翅膜

5. 哪一种致命性的螨类可以在用自己有毒的爪子猎食之后，在整个飞行过程中咀嚼食物？

a）跳虫

b）拟蝎

c）午餐吞食者

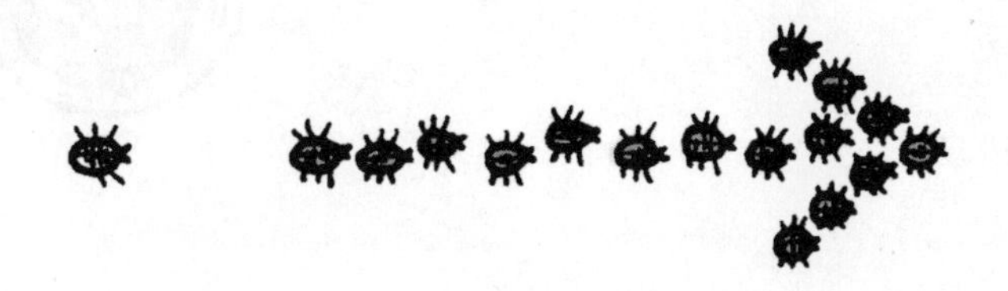

6. 跳蚤在幼虫时期因为身体太小，不能刺伤你的皮肤吸取血液，那么当时的他们是如何满足对血液的需求的？

a）吃它们父母的排泄物

b）吃它们自己的排泄物

c）吃人类的排泄物

7. 在显微手术中，通常医生会使用哪一种恐怖的细菌液来防止血液凝固？

a）蚊子的血液

b）跳蚤的尿液

c）蚂蝗的唾液

8. 当多条阿米巴虫连接在一起时，你所看到的是什么？

a）妖怪

b）鼻涕虫

c）海藻

1. a），2. c），3. c），4. b），5. b）6. a）7. c）8. b）。

“经典科学”系列（26册）

肚子里的恶心事儿
丑陋的虫子
显微镜下的怪物
动物惊奇
植物的咒语
臭屁的大脑
神奇的肢体碎片
身体使用手册
杀人疾病全记录
进化之谜
时间揭秘
触电惊魂
力的惊险故事
声音的魔力
神秘莫测的光
能量怪物
化学也疯狂
受苦受难的科学家
改变世界的科学实验
魔鬼头脑训练营
“末日”来临
鏖战飞行
目瞪口呆话发明
动物的狩猎绝招
恐怖的实验
致命毒药

“经典数学”系列（12册）

要命的数学
特别要命的数学
绝望的分数
你真的会＋－×÷吗
数字——破解万物的钥匙
逃不出的怪圈——圆和其他图形
寻找你的幸运星——概率的秘密
测来测去——长度、面积和体积
数学头脑训练营
玩转几何
代数任我行
超级公式

“科学新知”系列（17册）

破案术大全
墓室里的秘密
密码全攻略
外星人的疯狂旅行
魔术全揭秘
超级建筑
超能电脑
电影特技魔法秀
街上流行机器人
美妙的电影
我为音乐狂
巧克力秘闻
神奇的互联网
太空旅行记
消逝的恐龙
艺术家的魔法秀
不为人知的奥运故事

“自然探秘”系列（12册）

惊险南北极
地震了！快跑！
发威的火山
愤怒的河流
绝顶探险
杀人风暴
死亡沙漠
无情的海洋
雨林深处
勇敢者大冒险
鬼怪之湖
荒野之岛

“体验课堂”系列（4册）

体验丛林
体验沙漠
体验鲨鱼
体验宇宙

“中国特辑”系列（1册）

谁来拯救地球